Go
语言实战

Go
IN ACTION

U0300096

〔美〕 William Kennedy
Brian Ketelsen 著
Erik St. Martin

李兆海 译

谢孟军 审校

人民邮电出版社

北 京

图书在版编目（CIP）数据

Go语言实战 /（美）威廉·肯尼迪
(William Kennedy)，（美）布赖恩·克特森
(Brian Ketelsen)，（美）埃里克·圣马丁
(Erik St.Martin) 著 ；李兆海译. -- 北京 ：人民邮电
出版社，2017.3
ISBN 978-7-115-44535-3

Ⅰ. ①G… Ⅱ. ①威… ②布… ③埃… ④李… Ⅲ. ①
程序语言－程序设计 Ⅳ. ①TP312

中国版本图书馆CIP数据核字(2017)第026934号

版 权 声 明

- ◆ 著　　　[美] William Kennedy　Brian Ketelsen　Erik St. Martin
　　译　　　李兆海
　　审　　校　谢孟军
　　责任编辑　杨海玲
　　责任印制　焦志炜
- ◆ 人民邮电出版社出版发行　　北京市丰台区成寿寺路 11 号
　　邮编　100164　电子邮件　315@ptpress.com.cn
　　网址　http://www.ptpress.com.cn
　　北京虎彩文化传播有限公司印刷
- ◆ 开本：800×1000　1/16
　　印张：15.25　　　　　　2017 年 3 月第 1 版
　　字数：326 千字　　　　　2024 年 11 月北京第 33 次印刷
　　著作权合同登记号　图字：01-2015-8787 号

定价：69.80 元
读者服务热线：(010)81055410　印装质量热线：(010)81055316
反盗版热线：(010)81055315
广告经营许可证：京东市监广登字 20170147 号

内容提要

　　Go 语言结合了底层系统语言的能力以及现代语言的高级特性，旨在降低构建简单、可靠、高效软件的门槛。本书向读者提供一个专注、全面且符合语言习惯的视角。本书同时关注语言的规范和实现，涉及的内容包括语法、类型系统、并发、通道、测试，以及其他一些主题。

　　本书是写给有其他编程语言基础且有一定开发经验的、想学 Go 语言的中级开发者的。对于刚开始要学习 Go 语言和想要深入了解 Go 语言内部实现的人来说，本书都是最佳的选择。

译者序

Go 语言是由谷歌公司在 2007 年开始开发的一门语言,目的是能在多核心时代高效编写网络应用程序。Go 语言的创始人 Robert Griesemer、Rob Pike 和 Ken Thompson 都是在计算机发展过程中作出过重要贡献的人。自从 2009 年 11 月正式公开发布后,Go 语言迅速席卷了整个互联网后端开发领域,其社区里不断涌现出类似 vitess、Docker、etcd、Consul 等重量级的开源项目。

在 Go 语言发布后,我就被其简洁、强大的特性所吸引,并于 2010 年开始在技术聚会上宣传 Go 语言,当时所讲的题目是《Go 语言:互联网时代的 C》。现在看来,Go 语言确实很好地解决了互联网时代开发的痛点,而且入门门槛不高,是一种上手容易、威力强大的工具。试想一下,不需要学习复杂的异步逻辑,使用习惯的顺序方法,就能实现高性能的网络服务,并充分利用系统的多个核心,这是多么美好的一件事情。

本书是国外 Go 社区多年经验积累的成果。本书默认读者已经具有一定的编程基础,希望更好地使用 Go 语言。全书以示例为基础,详细介绍了 Go 语言中的一些比较深入的话题。对于有经验的程序员来说,很容易通过学习书中的例子来解决自己实际工作中遇到的问题。辅以文字介绍,读者会对相关问题有更系统的了解和认识。翻译过程中我尽量保持了原书的叙述方法,并加强了叙述逻辑,希望读者会觉得清晰易读。

在翻译本书的过程中,感谢人民邮电出版社编辑杨海玲老师的指导和进度安排,让本书能按时与读者见面。感谢谢孟军对译稿的审校,你的润色使译文读起来流畅了很多。尤其要感谢我老婆对我的支持,感谢你能理解我出于热爱才会"匍匐"在计算机前码字。

最后,感谢读者购买此书。希望读者在探索 Go 语言的道路上,能够享受到和我一样的乐趣。

译者简介

      李兆海，多年专注于后端分布式网络服务开发，曾使用过多个流行后端技术和相关架构实践，是 Go 语言和 Docker 的早期使用者和推广者，《第一本 Docker 书》的译者。作为项目技术负责人，成功开发了百万用户级直播系统。

序

在计算机科学领域，提到不同寻常的人，总会有一些名字会闪现在你的脑海中。Rob Pike、Robert Griesmier 和 Ken Thompson 就是其中几个。他们 3 个人负责构建过 UNIX、Plan 9、B、Java 的 JVM HotSpot、V8、Strongtalk[①]、Sawzall、Ed、Acme 和 UTF8，此外还有很多其他的创造。在 2007 年，这 3 个人凑在一起，尝试一个伟大的想法：综合他们多年的经验，借鉴已有的语言，来创建一门与众不同的、全新的系统语言。他们随后以开源的形式发布了自己的实验成果，并将这种语言命名为"Go"。如果按照现在的路线发展下去，这门语言将是这 3 个人最有影响的一项创造。

当人们聚在一起，纯粹是为了让世界变得更好的时候，往往也是他们处于最佳状态的时候。在 2013 年，为了围绕 Go 语言构建一个更好的社区，Brian 和 Erik 联合成立了 Gopher Academy，没过多久，Bill 和其他一些有类似想法的人也加入进来。他们首先注意到，社区需要有一个地方可以在线聚集和分享素材，所以他们在 slack 创立了 Go 讨论版和 Gopher Academy 博客。随着时间的推移，社区越来越大，他们创建了世界上第一个全球 Go 语言大会——GopherCon。随着与社区更深入地交流，他们意识到还需要为广大想学习这门新语言的人提供一些资源，所以他们开始着手写一本书，就是现在你手里拿的这本书。

为 Go 社区贡献了大量的时间和精力的 3 位作者，出于对 Go 语言社区的热爱写就了这本书。我曾在 Bill、Brian 和 Erik 身边，见证了他们在不同的环境和角色（作为 Gopher Academy 博客的编辑，作为大会组织者，甚至是在他们的日常工作中，作为父亲和丈夫）下，都会认真负责地撰写和修订本书。对他们来说，这不仅仅是一本书，也是对他们心爱的语言的献礼。他们并不满足于写就一本"好"书。他们编写、审校、再写、再修改、再三推敲每页文字、每个例子、每一章，直到认为本书的内容配得上他们珍视的这门语言。

离开一门使用舒服、掌握熟练的语言，去学习一门不仅对自己来说，对整个世界来说都是全新的语言，是需要勇气的。这是一条人迹罕至，沿途充满 bug，只有少数先行者熟悉的路。这里

---

① 一个高性能强类型的 Smalltalk 实现。——译者注

充满了意外的错误，文档不明确或者缺失，而且缺少可以拿来即用的代码库。这是拓荒者、先锋才会选择的道路。如果你正在读这本书，那么你可能正在踏上这段旅途。

本书自始至终是为你——本书的读者精心制作的一本探索、学习和使用 Go 语言的简洁而全面的指导手册。在全世界，你也不会找到比 Bill、Brian 和 Erik 更好的导师了。我非常高兴你能开始探索 Go 语言的优点，期望能在线上和线下大会上遇到你。

Steve Francia

Go 语言开发者，Hugo、Cobra、Viper 和 SPF13-VIM 的创建人

前言

那是 2013 年 10 月，我刚刚花几个月的时间写完 GoingGo.net 博客，就接到了 Brian Ketelsen 和 Erik St. Martin 的电话。他们正在写这本书，问我是否有兴趣参与进来。我立刻抓住机会，参与到写作中。当时，作为一个 Go 语言的新手，这是我进一步了解这门语言的好机会。毕竟，与 Brian 和 Erik 一起工作、一起分享获得的知识，比我从构建博客中学到的要多得多。

完成前 4 章后，我们在 Manning 早期访问项目（MEAP）中发布了这本书。很快，我们收到了来自语言团队成员的邮件。这位成员对很多细节提供了评审意见，还附加了大量有用的知识、意见、鼓励和支持。根据这些评审意见，我们决定从头开始重写第 2 章，并对第 4 章进行了全面修订。据我们所知，对整章进行重写的情况并不少见。通过这段重写的经历，我们学会要依靠社区的帮助来完成写作，因为我们希望能立刻得到社区的支持。

自那以后，这本书就成了社区努力的成果。我们投入了大量的时间研究每一章，开发样例代码，并和社区一起评审、讨论并编辑书中的材料和代码。我们尽了最大的努力来保证本书在技术上没有错误，让代码符合通用习惯，并且使用社区认为应该有的方式来教 Go 语言。同时，我们也融入了自己的思考、自己的实践和自己的指导方式。

我们希望本书能帮你学习 Go 语言，不仅是当下，就是多年以后，你也能从本书中找到有用的东西。Brian、Erik 和我总会在线上帮助那些希望得到我们帮助的人。如果你购买了本书，谢谢你，来和我们打个招呼吧。

William Kennedy

致谢

我们花了 18 个月的时间来写本书。但是，离开下面这些人的支持，我们不可能完成这本书：我们的家人、朋友、同学、同事以及导师，整个 Go 社区，还有我们的出版商 Manning。

当你开始撰写类似的书时，你需要一位编辑。编辑不仅要分享喜悦与成就，而且要不惜一切代价，帮你渡过难关。Jennifer Stout，你才华横溢，善于指导，是很棒的朋友。感谢你这段时间的付出，尤其是在我们最需要你的时候。感谢你让这本书变成现实。还要感谢为本书的开发和出版作出贡献的 Manning 的其他人。

每个人都不可能知晓一切，所以需要社区里的人付出时间和学识。感谢 Go 社区以及所有参与本书不同阶段书稿评审并提供反馈的人。特别感谢 Adam McKay、Alex Basile、Alex Jacinto、Alex Vidal、Anjan Bacchu、Benoît Benedetti、Bill Katz、Brian Hetro、Colin Kennedy、Doug Sparling、Jeffrey Lim、Jesse Evans、Kevin Jackson、Mark Fisher、Matt Zulak、Paulo Pires、Peter Krey、Philipp K. Janert、Sam Zaydel 以及 Thomas O'Rourke。还要感谢 Jimmy Frasché，他在出版前对本书书稿做了快速、准确的技术审校。

这里还需要特别感谢一些人。

Kim Shrier，从最开始就在提供评审意见，并花时间来指导我们。我们从你那里学到了很多，非常感谢。因为你，本书在技术上达到了更好的境界。

Bill Hathaway 在写书的最后一年，深入参与，并校正了每一章。你的想法和意见非常宝贵。我们必须给予 Bill "第 9 章合著者"的头衔。没有 Bill 的参与、天赋以及努力，就没有这一章的存在。

我们还要特别感谢 Cory Jacobson、Jeffery Lim、Chetan Conikee 和 Nan Xiao 为本书持续提供了评审意见和指导，感谢 Gabriel Aszalos、Fatih Arslan、Kevin Gillette 和 Jason Waldrip 帮助评审样例代码，还要特别感谢 Steve Francia 帮我们作序，认可我们的工作。

最后，我们真诚地感谢我们的家人和朋友。为本书付出的时间和代价，总会影响到你所爱的人。

William Kennedy

我首先要感谢 Lisa，我美丽的妻子，以及我的 5 个孩子：Brianna、Melissa、Amanda、Jarrod 和 Thomas。Lisa，我知道你和孩子们有太多的日夜和周末，缺少丈夫和父亲的陪伴。感谢你让我这段时间全力投入本书的工作：我爱你们，爱你们每一个人。

我也要感谢我生意上的伙伴 Ed Gonzalez、创意经理 Erick Zelaya，以及整个 Ardan 工作室的团队。Ed，感谢你从一开始就支持我。没有你，我就无法完成本书。你不仅是生意伙伴，还是朋友和兄长：谢谢你。Erick，感谢你为我、为公司做的一切。我不确定没有你，我们还能不能做到这一切。

Brian Ketelsen

首先要感谢我的家人在我写书的这 4 年间付出的耐心。Christine、Nathan、Lauren 和 Evelyn，感谢你们在游泳时放过在旁边椅子上写作的我，感谢你们相信这本书一定会出版。

Erik St. Martin

我要感谢我的未婚妻 Abby 以及我的 3 个孩子 Halie、Wyatt 和 Allie。感谢你们对我花大量时间写书和组织会议如此耐心和理解。我非常爱你们，有你们我非常幸运。

还要感谢 Bill Kennedy 为本书付出的巨大努力，以及当我们需要他的帮助的时候，他总是立刻想办法组织 GopherCon 来满足我们的要求。还要感谢整个社区出力评审并给出一些鼓励的话。

关于本书

Go 是一门开源的编程语言，目的在于降低构建简单、可靠、高效软件的门槛。尽管这门语言借鉴了很多其他语言的思想，但是凭借自身统一和自然的表达，Go 程序在本质上完全不同于用其他语言编写的程序。Go 平衡了底层系统语言的能力，以及在现代语言中所见到的高级特性。你可以依靠 Go 语言来构建一个非常快捷、高性能且有足够控制力的编程环境。使用 Go 语言，可以写得更少，做得更多。

谁应该读这本书

本书是写给已经有一定其他语言编程经验，并且想学习 Go 语言的中级开发者的。我们写这本书的目的是，为读者提供一个专注、全面且符合语言习惯的视角。我们同时关注语言的规范和实现，涉及的内容包括语法、类型系统，并发、通道、测试以及其他一些主题。我们相信，对于刚开始学 Go 语言的人，以及想要深入了解这门语言内部实现的人来说，本书都是极佳的选择。

章节速览

本书由 9 章组成，每章内容简要描述如下。
- 第 1 章快速介绍这门语言是什么，为什么要创造这门语言，以及这门语言要解决什么问题。这一章还会简要介绍一些 Go 语言的核心概念，如并发。
- 第 2 章引导你完成一个完整的 Go 程序，并教你 Go 作为一门编程语言必须提供的特性。
- 第 3 章介绍打包的概念，以及搭建 Go 工作空间和开发环境的最佳实践。这一章还会展示如何使用 Go 语言的工具链，包括获取和构建代码。
- 第 4 章展示 Go 语言内置的类型，即数组、切片和映射。还会解释这些数据结构背后的实现和机制。
- 第 5 章详细介绍 Go 语言的类型系统，从结构体类型到具名类型，再到接口和类型嵌套。这一章还会展示如何综合利用这些数据结构，用简单的方法来设计结构并编写复杂的软件。

- 第 6 章深入展示 Go 调度器、并发和通道是如何工作的。这一章还将介绍这个方面背后的机制。
- 第 7 章基于第 6 章的内容，展示一些实际开发中用到的并发模式。你会学到为了控制任务如何实现一个 goroutine 池，以及如何利用池来复用资源。
- 第 8 章对标准库进行探索，深入介绍 3 个包，即 log、json 和 io。这一章专门介绍这 3 个包之间的某些复杂关系。
- 第 9 章以如何利用测试和基准测试框架来结束全书。读者会学到如何写单元测试、表组测试以及基准测试，如何在文档中增加示例，以及如何把这些示例当作测试使用。

关于代码

本书中的所有代码都使用等宽字体表示，以便和周围的文字区分开。在很多代码清单中，代码被注释是为了说明关键概念，并且有时在正文中会用数字编号来给出对应代码的其他信息。

本书的源代码既可以在 Manning 网站（www.manning.com/books/go-in-action）上下载[①]，也可以在 GitHub（https://github.com/goinaction/code）上找到这些源代码。

读者在线

购买本书后，可以在线访问由 Manning 出版社提供的私有论坛。在这个论坛上可以对本书做评论，咨询技术问题，并得到作者或其他读者的帮助。通过浏览器访问 www.manning.com/books/go-in-action 可以访问并订阅这个论坛。这个网页还提供了注册后如何访问论坛，论坛提供什么样的帮助，以及论坛的行为准则等信息。

Manning 向读者承诺提供一个读者之间以及读者和作者之间交流的场所。Manning 并不承诺作者一定会参与，作者参与论坛的行为完全出于作者自愿（没有报酬）。我们建议你向作者提一些有挑战性的问题，否则可能提不起作者的兴趣。

只要本书未绝版，作者在线论坛以及早期讨论的存档就可以在出版商的网站上获取到。

关于作者

William Kennedy（@gonggodotnet）是 Ardan 工作室的管理合伙人。这家工作室位于佛罗里达州迈阿密，是一家专注移动、Web 和系统开发的公司。他也是博客 GoingGo.net 的作者，迈阿密 Go 聚会的组织者。从在培训公司 Ardan Labs 开始，他就专注于 Go 语言教学。无论是在当地，

---

① 本书源代码也可以从 www.epubit.com.cn 本书网页免费下载。

还是在线上，经常可以在大会或者工作坊中看到他的身影。他总是找时间来帮助那些想把 Go 语言知识、撰写博客和编码的技能提升到更高水平的公司或个人。

Brian Ketelsen（@bketelsen）是 XOR Data Exchange 的 CIO 和联合创始人。Brian 也是每年 Go 语言大会（GohperCon）的合办者，同时也是 Gopher Academy 的创立者。作为专注于社区的组织，Gopher Academy 一直在促进 Go 语言的发展和对 Go 语言开发者的培训。Brian 从 2010 年就开始使用 Go 语言。

Erik St. Martin（@erikstmartin）是 XOR Data Exchange 的软件开发总监。他所在的公司专注于大数据分析，最早在得克萨斯州奥斯汀，后来搬到了佛罗里达州坦帕湾。Erik 长时间为开源软件及其社区做贡献。他是每年 GopherCon 的组织者，也是坦帕湾 Go 聚会的组织者。他非常热爱 Go 语言及 Go 语言社区，积极寻求促进社区成长的新方法。

关于封面插图

本书封面插图的标题为"来自东印度的人"。这幅图选自伦敦的 Thomas Jefferys 的《A Collection of the Dresses of Different Nations, Ancient and Modern》（4 卷），出版于 1757 年到 1772 年之间。书籍首页说明了这幅画的制作工艺是铜版雕刻，手工上色，外层用阿拉伯胶做保护。Thomas Jefferys（1719—1771）被称作"地理界的乔治三世国王"。作为制图者，他在当时英国地图商中处于领先地位。他为政府和其他官员雕刻和印刷地图，同时也制作大量的商业地图和地图册，尤其是北美地图。他作为地图制作者的经历，点燃了他收集各地风俗服饰的兴趣，最终成就了这部衣着集。

对遥远大陆的着迷以及享受旅行的乐趣，是 18 世纪晚期才兴起的现象。这类收集品也风行一时，向实地旅行家和空想旅行家们介绍各地的风俗。Jefferys 的画集如此多样，生动地向我们描述了 200 年前世界上不同民族的独立特征。从那之后，衣着的特征发生了改变，那个时代不同地区和国家的多样性，也逐渐消失。现在，很难再通过本地居民的服饰来区分他们所在的大陆。也许，从乐观的角度来看，我们用文化的多样性换取了更加多样化的个人生活——当然也是更加多样化和快节奏的科技生活。

在很难将一本计算机书与另一本区分开的时代，Manning 创造性地将两个世纪以前不同地区的多样性，附着在计算机行业的图书封面上，借以来赞美计算机行业的创造力和进取精神，也为Jefferys 的画带来了新的生命。

目录

第1章 关于 Go 语言的介绍

本章主要内容
- 用 Go 语言解决现代计算难题
- 使用 Go 语言工具

计算机一直在演化，但是编程语言并没有以同样的速度演化。现在的手机，内置的 CPU 核数可能都多于我们使用的第一台电脑。高性能服务器拥有 64 核、128 核，甚至更多核。但是我们依旧在使用为单核设计的技术在编程。

编程的技术同样在演化。大部分程序不再由单个开发者来完成，而是由处于不同时区、不同时间段工作的一组人来完成。大项目被分解为小项目，指派给不同的程序员，程序员开发完成后，再以可以在各个应用程序中交叉使用的库或者包的形式，提交给整个团队。

如今的程序员和公司比以往更加信任开源软件的力量。Go 语言是一种让代码分享更容易的编程语言。Go 语言自带一些工具，让使用别人写的包更容易，并且 Go 语言也让分享自己写的包更容易。

在本章中读者会看到 Go 语言区别于其他编程语言的地方。Go 语言对传统的面向对象开发进行了重新思考，并且提供了更高效的复用代码的手段。Go 语言还让用户能更高效地利用昂贵服务器上的所有核心，而且它编译大型项目的速度也很快。

在阅读本章时，读者会对影响 Go 语言形态的很多决定有一些认识，从它的并发模型到快如闪电的编译器。我们在前言中提到过，这里再强调一次：这本书是写给已经有一定其他编程语言经验、想学习 Go 语言的中级开发者的。本书会提供一个专注、全面且符合习惯的视角。我们同时专注语言的规范和实现，涉及的内容包括语法、Go 语言的类型系统、并发、通道、测试以及其他一些非常广泛的主题。我们相信，对刚开始要学习 Go 语言和想要深入了解语言内部实现的人来说，本书都是最佳选择。

本书示例中的源代码可以在 https://github.com/goinaction/code 下载。

我们希望读者能认识到，Go 语言附带的工具可以让开发人员的生活变得更简单。最后，读者会意识到为什么那么多开发人员用 Go 语言来构建自己的新项目。

1.1 用 Go 解决现代编程难题

Go 语言开发团队花了很长时间来解决当今软件开发人员面对的问题。开发人员在为项目选择语言时，不得不在快速开发和性能之间做出选择。C 和 C++这类语言提供了很快的执行速度，而 Ruby 和 Python 这类语言则擅长快速开发。Go 语言在这两者间架起了桥梁，不仅提供了高性能的语言，同时也让开发更快速。

在探索 Go 语言的过程中，读者会看到精心设计的特性以及简洁的语法。作为一门语言，Go 不仅定义了能做什么，还定义了不能做什么。Go 语言的语法简洁到只有几个关键字，便于记忆。Go 语言的编译器速度非常快，有时甚至会让人感觉不到在编译。所以，Go 开发者能显著减少等待项目构建的时间。因为 Go 语言内置并发机制，所以不用被迫使用特定的线程库，就能让软件扩展，使用更多的资源。Go 语言的类型系统简单且高效，不需要为面向对象开发付出额外的心智，让开发者能专注于代码复用。Go 语言还自带垃圾回收器，不需要用户自己管理内存。让我们快速浏览一下这些关键特性。

1.1.1 开发速度

编译一个大型的 C 或者 C++项目所花费的时间甚至比去喝杯咖啡的时间还长。图 1-1 是 XKCD 中的一幅漫画，描述了在办公室里开小差的经典借口。

图 1-1 努力工作?（来自 XKCD）

Go 语言使用了更加智能的编译器，并简化了解决依赖的算法，最终提供了更快的编译速度。编译 Go 程序时，编译器只会关注那些直接被引用的库，而不是像 Java、C 和 C++那样，要遍历依赖链中所有依赖的库。因此，很多 Go 程序可以在 1 秒内编译完。在现代硬件上，编译整个 Go

语言的源码树只需要 20 秒。

　　因为没有从编译代码到执行代码的中间过程，用动态语言编写应用程序可以快速看到输出。代价是，动态语言不提供静态语言提供的类型安全特性，不得不经常用大量的测试套件来避免在运行的时候出现类型错误这类 bug。

　　想象一下，使用类似 JavaScript 这种动态语言开发一个大型应用程序，有一个函数期望接收一个叫作 ID 的字段。这个参数应该是整数，是字符串，还是一个 UUID？要想知道答案，只能去看源代码。可以尝试使用一个数字或者字符串来执行这个函数，看看会发生什么。在 Go 语言里，完全不用为这件事情操心，因为编译器就能帮用户捕获这种类型错误。

1.1.2　并发

　　作为程序员，要开发出能充分利用硬件资源的应用程序是一件很难的事情。现代计算机都拥有多个核，但是大部分编程语言都没有有效的工具让程序可以轻易利用这些资源。这些语言需要写大量的线程同步代码来利用多个核，很容易导致错误。

　　Go 语言对并发的支持是这门语言最重要的特性之一。goroutine 很像线程，但是它占用的内存远少于线程，使用它需要的代码更少。通道（channel）是一种内置的数据结构，可以让用户在不同的 goroutine 之间同步发送具有类型的消息。这让编程模型更倾向于在 goroutine 之间发送消息，而不是让多个 goroutine 争夺同一个数据的使用权。让我们看看这些特性的细节。

1. goroutine

　　goroutine 是可以与其他 goroutine 并行执行的函数，同时也会与主程序（程序的入口）并行执行。在其他编程语言中，你需要用线程来完成同样的事情，而在 Go 语言中会使用同一个线程来执行多个 goroutine。例如，用户在写一个 Web 服务器，希望同时处理不同的 Web 请求，如果使用 C 或者 Java，不得不写大量的额外代码来使用线程。在 Go 语言中，net/http 库直接使用了内置的 goroutine。每个接收到的请求都自动在其自己的 goroutine 里处理。goroutine 使用的内存比线程更少，Go 语言运行时会自动在配置的一组逻辑处理器上调度执行 goroutine。每个逻辑处理器绑定到一个操作系统线程上（见图 1-2）。这让用户的应用程序执行效率更高，而开发工作量显著减少。

　　如果想在执行一段代码的同时，并行去做另外一些事情，goroutine 是很好的选择。下面是一个简单的例子：

```
func log(msg string) {
    ... 这里是一些记录日志的代码
}

// 代码里有些地方检测到了错误
go log("发生了可怕的事情")
```

图 1-2   在单一系统线程上执行多个 goroutine

关键字 go 是唯一需要去编写的代码，调度 log 函数作为独立的 goroutine 去运行，以便与其他 goroutine 并行执行。这意味着应用程序的其余部分会与记录日志并行执行，通常这种并行能让最终用户觉得性能更好。就像之前说的，goroutine 占用的资源更少，所以常常能启动成千上万个 goroutine。我们会在第 6 章更加深入地探讨 goroutine 和并发。

2．通道

通道是一种数据结构，可以让 goroutine 之间进行安全的数据通信。通道可以帮用户避免其他语言里常见的共享内存访问的问题。

并发的最难的部分就是要确保其他并发运行的进程、线程或 goroutine 不会意外修改用户的数据。当不同的线程在没有同步保护的情况下修改同一个数据时，总会发生灾难。在其他语言中，如果使用全局变量或者共享内存，必须使用复杂的锁规则来防止对同一个变量的不同步修改。

为了解决这个问题，通道提供了一种新模式，从而保证并发修改时的数据安全。通道这一模式保证同一时刻只会有一个 goroutine 修改数据。通道用于在几个运行的 goroutine 之间发送数据。在图 1-3 中可以看到数据是如何流动的示例。想象一个应用程序，有多个进程需要顺序读取或者修改某个数据，使用 goroutine 和通道，可以为这个过程建立安全的模型。

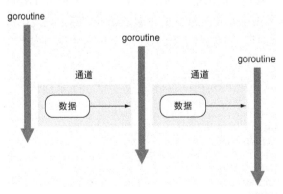

图 1-3   使用通道在 goroutine 之间安全地发送数据

图 1-3 中有 3 个 goroutine，还有 2 个不带缓存的通道。第一个 goroutine 通过通道把数据传给已经在等待的第二个 goroutine。在两个 goroutine 间传输数据是同步的，一旦传输完成，两个 goroutine 都会知道数据已经完成传输。当第二个 goroutine 利用这个数据完成其任务后，将这个数据传给第三个正在等待的 goroutine。这次传输依旧是同步的，两个 goroutine 都会确认数据传输完成。这种在 goroutine 之间安全传输数据的方法不需要任何锁或者同步机制。

需要强调的是，通道并不提供跨 goroutine 的数据访问保护机制。如果通过通道传输数据的一份副本，那么每个 goroutine 都持有一份副本，各自对自己的副本做修改是安全的。当传输的是指向数据的指针时，如果读和写是由不同的 goroutine 完成的，每个 goroutine 依旧需要额外的同步动作。

1.1.3　Go 语言的类型系统

Go 语言提供了灵活的、无继承的类型系统，无需降低运行性能就能最大程度上复用代码。这个类型系统依然支持面向对象开发，但避免了传统面向对象的问题。如果你曾经在复杂的 Java 和 C++程序上花数周时间考虑如何抽象类和接口，你就能意识到 Go 语言的类型系统有多么简单。Go 开发者使用组合（composition）设计模式，只需简单地将一个类型嵌入到另一个类型，就能复用所有的功能。其他语言也能使用组合，但是不得不和继承绑在一起使用，结果使整个用法非常复杂，很难使用。在 Go 语言中，一个类型由其他更微小的类型组合而成，避免了传统的基于继承的模型。

另外，Go 语言还具有独特的接口实现机制，允许用户对行为进行建模，而不是对类型进行建模。在 Go 语言中，不需要声明某个类型实现了某个接口，编译器会判断一个类型的实例是否符合正在使用的接口。Go 标准库里的很多接口都非常简单，只开放几个函数。从实践上讲，尤其对那些使用类似 Java 的面向对象语言的人来说，需要一些时间才能习惯这个特性。

1. 类型简单

Go 语言不仅有类似 int 和 string 这样的内置类型，还支持用户定义的类型。在 Go 语言中，用户定义的类型通常包含一组带类型的字段，用于存储数据。Go 语言的用户定义的类型看起来和 C 语言的结构很像，用起来也很相似。不过 Go 语言的类型可以声明操作该类型数据的方法。传统语言使用继承来扩展结构——Client 继承自 User，User 继承自 Entity，Go 语言与此不同，Go 开发者构建更小的类型——Customer 和 Admin，然后把这些小类型组合成更大的类型。图 1-4 展示了继承和组合之间的不同。

2. Go 接口对一组行为建模

接口用于描述类型的行为。如果一个类型的实例实现了一个接口，意味着这个实例可以执行一组特定的行为。你甚至不需要去声明这个实例实现某个接口,只需要实现这组行为就好。其他的语言把这个特性叫作鸭子类型——如果它叫起来像鸭子,那它就可能是只鸭子。Go 语言的接口也是这么做的。在 Go 语言中,如果一个类型实现了一个接口的所有方法,那么这个类型的实例就可以存储在这个接口类型的实例中,不需要额外声明。

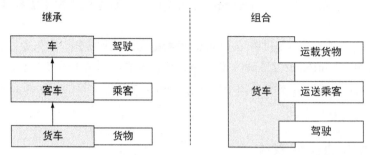

图 1-4　继承和组合的对比

在类似 Java 这种严格的面向对象语言中,所有的设计都围绕接口展开。在编码前,用户经常不得不思考一个庞大的继承链。下面是一个 Java 接口的例子:

```
interface User {
    public void login();
    public void logout();
}
```

在 Java 中要实现这个接口,要求用户的类必须满足 User 接口里的所有约束,并且显式声明这个类实现了这个接口。而 Go 语言的接口一般只会描述一个单一的动作。在 Go 语言中,最常使用的接口之一是 io.Reader。这个接口提供了一个简单的方法,用来声明一个类型有数据可以读取。标准库内的其他函数都能理解这个接口。这个接口的定义如下:

```
type Reader interface {
    Read(p []byte) (n int, err error)
}
```

为了实现 io.Reader 这个接口,你只需要实现一个 Read 方法,这个方法接受一个 byte 切片,返回一个整数和可能出现的错误。

这和传统的面向对象编程语言的接口系统有本质的区别。Go 语言的接口更小,只倾向于定义一个单一的动作。实际使用中,这更有利于使用组合来复用代码。用户几乎可以给所有包含数据的类型实现 io.Reader 接口,然后把这个类型的实例传给任意一个知道如何读取 io.Reader 的 Go 函数。

Go 语言的整个网络库都使用了 io.Reader 接口,这样可以将程序的功能和不同网络的实现分离。这样的接口用起来有趣、优雅且自由。文件、缓冲区、套接字以及其他的数据源都实现了 io.Reader 接口。使用同一个接口,可以高效地操作数据,而不用考虑到底数据来自哪里。

1.1.4 内存管理

不当的内存管理会导致程序崩溃或者内存泄漏，甚至让整个操作系统崩溃。Go 语言拥有现代化的垃圾回收机制，能帮你解决这个难题。在其他系统语言（如 C 或者 C++）中，使用内存前要先分配这段内存，而且使用完毕后要将其释放掉。哪怕只做错了一件事，都可能导致程序崩溃或者内存泄漏。可惜，追踪内存是否还被使用本身就是十分艰难的事情，而要想支持多线程和高并发，更是让这件事难上加难。虽然 Go 语言的垃圾回收会有一些额外的开销，但是编程时，能显著降低开发难度。Go 语言把无趣的内存管理交给专业的编译器去做，而让程序员专注于更有趣的事情。

1.2 你好，Go

感受一门语言最简单的方法就是实践。让我们看看用 Go 语言如何编写经典的 Hello World!应用程序：

```
Go程序都组
织成包。
package main                          import 语句用于导入外部代码。标准
                                      库中的 fmt 包用于格式化并输出数据。
import "fmt"

func main() {                         像 C 语言一样，main 函
    fmt.Println("Hello world!")       数是程序执行的入口。

}
```

运行这个示例程序后会在屏幕上输出我们熟悉的一句话。但是怎么运行呢？无须在机器上安装 Go 语言，在浏览器中就可以使用几乎所有 Go 语言的功能。

介绍 Go Playground

Go Playground 允许在浏览器里编辑并运行 Go 语言代码。在浏览器中打开 http://play.golang.org。浏览器里展示的代码是可编辑的（见图 1-5）。点击 Run，看看会发生什么。

可以把输出的问候文字改成别的语言。试着改动 fmt.Println()里面的文字，然后再次点击 Run。

分享 Go 代码 Go 开发者使用 Playground 分享他们的想法，测试理论，或者调试代码。你也可以这么做。每次使用 Playground 创建一个新程序之后，可以点击 Share 得到一个用于分享的网址。任何人都能打开这个链接。试试 http://play.golang.org/p/EWIXicJdmz。

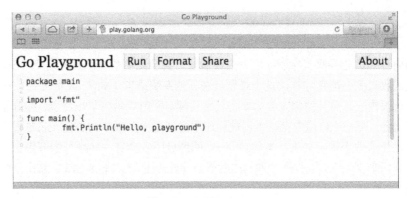

图 1-5   Go Playground

　　要给想要学习写东西或者寻求帮助的同事或者朋友演示某个想法时，Go Playground 是非常好的方式。在 Go 语言的 IRC 频道、Slack 群组、邮件列表和 Go 开发者发送的无数邮件里，用户都能看到创建、修改和分享 Go Playground 上的程序。

1.3   小结

- Go 语言是现代的、快速的，带有一个强大的标准库。
- Go 语言内置对并发的支持。
- Go 语言使用接口作为代码复用的基础模块。

第 2 章　快速开始一个 Go 程序

本章主要内容

■　学习如何写一个复杂的 Go 程序

■　声明类型、变量、函数和方法

■　启动并同步操作 goroutine

■　使用接口写通用的代码

■　处理程序逻辑和错误

为了能更高效地使用语言进行编码，Go 语言有自己的哲学和编程习惯。Go 语言的设计者们从编程效率出发设计了这门语言，但又不会丢掉访问底层程序结构的能力。设计者们通过一组最少的关键字、内置的方法和语法，最终平衡了这两方面。Go 语言也提供了完善的标准库。标准库提供了构建实际的基于 Web 和基于网络的程序所需的所有核心库。

让我们通过一个完整的 Go 语言程序，来看看 Go 语言是如何实现这些功能的。这个程序实现的功能很常见，能在很多现在开发的 Go 程序里发现类似的功能。这个程序从不同的数据源拉取数据，将数据内容与一组搜索项做对比，然后将匹配的内容显示在终端窗口。这个程序会读取文本文件，进行网络调用，解码 XML 和 JSON 成为结构化类型数据，并且利用 Go 语言的并发机制保证这些操作的速度。

读者可以下载本章的代码，用自己喜欢的编辑器阅读。代码存放在这个代码库：

https://github.com/goinaction/code/tree/master/chapter2/sample

没必要第一次就读懂本章的所有内容，可以多读两遍。在学习时，虽然很多现代语言的概念可以对应到 Go 语言中，Go 语言还是有一些独特的特性和风格。如果放下已经熟悉的编程语言，用一种全新的眼光来审视 Go 语言，你会更容易理解并接受 Go 语言的特性，发现 Go 语言的优雅。

2.1　程序架构

在深入代码之前，让我们看一下程序的架构（如图 2-1 所示），看看如何在所有不同的数据源中搜索数据。

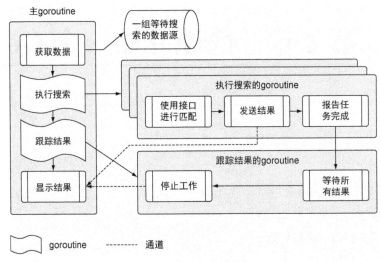

图 2-1   程序架构流程图

这个程序分成多个不同步骤，在多个不同的 goroutine 里运行。我们会根据流程展示代码，从主 goroutine 开始，一直到执行搜索的 goroutine 和跟踪结果的 goroutine，最后回到主 goroutine。首先来看一下整个项目的结构，如代码清单 2-1 所示。

代码清单 2-1   应用程序的项目结构

```
cd $GOPATH/src/github.com/goinaction/code/chapter2

- sample
    - data
        data.json     -- 包含一组数据源
    - matchers
        rss.go        -- 搜索 rss 源的匹配器
    - search
        default.go    -- 搜索数据用的默认匹配器
        feed.go       -- 用于读取 json 数据文件
        match.go      -- 用于支持不同匹配器的接口
        search.go     -- 执行搜索的主控制逻辑
    main.go           -- 程序的入口
```

这个应用的代码使用了 4 个文件夹，按字母顺序列出。文件夹 data 中有一个 JSON 文档，其内容是程序要拉取和处理的数据源。文件夹 matchers 中包含程序里用于支持搜索不同数据源的代码。目前程序只完成了支持处理 RSS 类型的数据源的匹配器。文件夹 search 中包含使用不同匹配器进行搜索的业务逻辑。最后，父级文件夹 sample 中有个 main.go 文件，这是整个程序的入口。

现在了解了如何组织程序的代码，可以继续探索并了解程序是如何工作的。让我们从程序的入口开始。

2.2　`main` 包

程序的主入口可以在 main.go 文件里找到，如代码清单 2-2 所示。虽然这个文件只有 21 行代码，依然有几点需要注意。

代码清单 2-2　main.go

```
01 package main
02
03 import (
04     "log"
05     "os"
06
07     _ "github.com/goinaction/code/chapter2/sample/matchers"
08      "github.com/goinaction/code/chapter2/sample/search"
09 )
10
11 // init 在 main 之前调用
12 func init() {
13     // 将日志输出到标准输出
14     log.SetOutput(os.Stdout)
15 }
16
17 // main 是整个程序的入口
18 func main() {
19     // 使用特定的项做搜索
20     search.Run("president")
21 }
```

　　每个可执行的 Go 程序都有两个明显的特征。一个特征是第 18 行声明的名为 main 的函数。构建程序在构建可执行文件时，需要找到这个已经声明的 main 函数，把它作为程序的入口。第二个特征是程序的第 01 行的包名 main，如代码清单 2-3 所示。

代码清单 2-3　main.go：第 01 行

```
01 package main
```

　　可以看到，main 函数保存在名为 main 的包里。如果 main 函数不在 main 包里，构建工具就不会生成可执行的文件。

　　Go 语言的每个代码文件都属于一个包，main.go 也不例外。包这个特性对于 Go 语言来说很重要，我们会在第 3 章中接触到更多细节。现在，只要简单了解以下内容：一个包定义一组编译过的代码，包的名字类似命名空间，可以用来间接访问包内声明的标识符。这个特性可以把不同包中定义的同名标识符区别开。

　　现在，把注意力转到 main.go 的第 03 行到第 09 行，如代码清单 2-4 所示，这里声明了所有的导入项。

代码清单 2-4　main.go：第 03 行到第 09 行

```
03 import (
04     "log"
05     "os"
06
07     _ "github.com/goinaction/code/chapter2/sample/matchers"
08      "github.com/goinaction/code/chapter2/sample/search"
09 )
```

顾名思义，关键字 import 就是导入一段代码，让用户可以访问其中的标识符，如类型、函数、常量和接口。在这个例子中，由于第 08 行的导入，main.go 里的代码就可以引用 search 包里的 Run 函数。程序的第 04 行和第 05 行导入标准库里的 log 和 os 包。

所有处于同一个文件夹里的代码文件，必须使用同一个包名。按照惯例，包和文件夹同名。就像之前说的，一个包定义一组编译后的代码，每段代码都描述包的一部分。如果回头去看看代码清单 2-1，可以看看第 08 行的导入是如何指定那个项目里名叫 search 的文件夹的。

读者可能注意到第 07 行导入 matchers 包的时候，导入的路径前面有一个下划线，如代码清单 2-5 所示。

代码清单 2-5　main.go：第 07 行

```
07     _ "github.com/goinaction/code/chapter2/sample/matchers"
```

这个技术是为了让 Go 语言对包做初始化操作，但是并不使用包里的标识符。为了让程序的可读性更强，Go 编译器不允许声明导入某个包却不使用。下划线让编译器接受这类导入，并且调用对应包内的所有代码文件里定义的 init 函数。对这个程序来说，这样做的目的是调用 matchers 包中的 rss.go 代码文件里的 init 函数，注册 RSS 匹配器，以便后用。我们后面会展示具体的工作方式。

代码文件 main.go 里也有一个 init 函数，在第 12 行到第 15 行中声明，如代码清单 2-6 所示。

代码清单 2-6　main.go：第 11 行到第 15 行

```
11 // init 在 main 之前调用
12 func init() {
13     // 将日志输出到标准输出
14     log.SetOutput(os.Stdout)
15 }
```

程序中每个代码文件里的 init 函数都会在 main 函数执行前调用。这个 init 函数将标准库里日志类的输出，从默认的标准错误（stderr），设置为标准输出（stdout）设备。在第 7 章，我们会进一步讨论 log 包和标准库里其他重要的包。

最后，让我们看看 main 函数第 20 行那条语句的作用，如代码清单 2-7 所示。

代码清单 2-7　main.go：第 19 行到第 20 行

```
19    // 使用特定的项做搜索
20    search.Run("president")
```

可以看到，这一行调用了 search 包里的 Run 函数。这个函数包含程序的核心业务逻辑，需要传入一个字符串作为搜索项。一旦 Run 函数退出，程序就会终止。

现在，让我们看看 search 包里的代码。

2.3　search 包

这个程序使用的框架和业务逻辑都在 search 包里。这个包由 4 个不同的代码文件组成，每个文件对应一个独立的职责。我们会逐步分析这个程序的逻辑，到时再说明各个代码文件的作用。

由于整个程序都围绕匹配器来运作，我们先简单介绍一下什么是匹配器。这个程序里的匹配器，是指包含特定信息、用于处理某类数据源的实例。在这个示例程序中有两个匹配器。框架本身实现了一个无法获取任何信息的默认匹配器，而在 matchers 包里实现了 RSS 匹配器。RSS 匹配器知道如何获取、读入并查找 RSS 数据源。随后我们会扩展这个程序，加入能读取 JSON 文档或 CSV 文件的匹配器。我们后面会再讨论如何实现匹配器。

2.3.1　search.go

代码清单 2-8 中展示的是 search.go 代码文件的前 9 行代码。之前提到的 Run 函数就在这个文件里。

代码清单 2-8　search/search.go：第 01 行到第 09 行

```
01 package search
02
03 import (
04     "log"
05     "sync"
06 )
07
08 // 注册用于搜索的匹配器的映射
09 var matchers = make(map[string]Matcher)
```

可以看到，每个代码文件都以 package 关键字开头，随后跟着包的名字。文件夹 search 下的每个代码文件都使用 search 作为包名。第 03 行到第 06 行代码导入标准库的 log 和 sync 包。

与第三方包不同，从标准库中导入代码时，只需要给出要导入的包名。编译器查找包的时候，总是会到 GOROOT 和 GOPATH 环境变量（如代码清单 2-9 所示）引用的位置去查找。

代码清单 2-9　GOROOT 和 GOPATH 环境变量

```
GOROOT="/Users/me/go"
GOPATH="/Users/me/spaces/go/projects"
```

log 包提供打印日志信息到标准输出（stdout）、标准错误（stderr）或者自定义设备的功能。sync 包提供同步 goroutine 的功能。这个示例程序需要用到同步功能。第 09 行是全书第一次声明一个变量，如代码清单 2-10 所示。

代码清单 2-10　search/search.go：第 08 行到第 09 行

```
08 // 注册用于搜索的匹配器的映射
09 var matchers = make(map[string]Matcher)
```

这个变量没有定义在任何函数作用域内，所以会被当成包级变量。这个变量使用关键字 var 声明，而且声明为 Matcher 类型的映射（map），这个映射以 string 类型值作为键，Matcher 类型值作为映射后的值。Matcher 类型在代码文件 matcher.go 中声明，后面再讲这个类型的用途。这个变量声明还有一个地方要强调一下：变量名 matchers 是以小写字母开头的。

在 Go 语言里，标识符要么从包里公开，要么不从包里公开。当代码导入了一个包时，程序可以直接访问这个包中任意一个公开的标识符。这些标识符以大写字母开头。以小写字母开头的标识符是不公开的，不能被其他包中的代码直接访问。但是，其他包可以间接访问不公开的标识符。例如，一个函数可以返回一个未公开类型的值，那么这个函数的任何调用者，哪怕调用者不是在这个包里声明的，都可以访问这个值。

这行变量声明还使用赋值运算符和特殊的内置函数 make 初始化了变量，如代码清单 2-11 所示。

代码清单 2-11　构建一个映射

```
make(map[string]Matcher)
```

map 是 Go 语言里的一个引用类型，需要使用 make 来构造。如果不先构造 map 并将构造后的值赋值给变量，会在试图使用这个 map 变量时收到出错信息。这是因为 map 变量默认的零值是 nil。在第 4 章我们会进一步了解关于映射的细节。

在 Go 语言中，所有变量都被初始化为其零值。对于数值类型，零值是 0；对于字符串类型，零值是空字符串；对于布尔类型，零值是 false；对于指针，零值是 nil。对于引用类型来说，所引用的底层数据结构会被初始化为对应的零值。但是被声明为其零值的引用类型的变量，会返回 nil 作为其值。

现在，让我们看看之前在 main 函数中调用的 Run 函数的内容，如代码清单 2-12 所示。

代码清单 2-12　search/search.go：第 11 行到第 57 行

```
11 // Run 执行搜索逻辑
12 func Run(searchTerm string) {
13     // 获取需要搜索的数据源列表
14     feeds, err := RetrieveFeeds()
```

```
15    if err != nil {
16        log.Fatal(err)
17    }
18
19    // 创建一个无缓冲的通道，接收匹配后的结果
20    results := make(chan *Result)
21
22    // 构造一个 waitGroup，以便处理所有的数据源
23    var waitGroup sync.WaitGroup
24
25    // 设置需要等待处理
26    // 每个数据源的 goroutine 的数量
27    waitGroup.Add(len(feeds))
28
29    // 为每个数据源启动一个 goroutine 来查找结果
30    for _, feed := range feeds {
31        // 获取一个匹配器用于查找
32        matcher, exists := matchers[feed.Type]
33        if !exists {
34            matcher = matchers["default"]
35        }
36
37        // 启动一个 goroutine 来执行搜索
38        go func(matcher Matcher, feed *Feed) {
39            Match(matcher, feed, searchTerm, results)
40            waitGroup.Done()
41        }(matcher, feed)
42    }
43
44    // 启动一个 goroutine 来监控是否所有的工作都做完了
45    go func() {
46        // 等候所有任务完成
47        waitGroup.Wait()
48
49        // 用关闭通道的方式，通知 Display 函数
50        // 可以退出程序了
51        close(results)
52    }()
53
54    // 启动函数，显示返回的结果，并且
55    // 在最后一个结果显示完后返回
56    Display(results)
57 }
```

Run 函数包括了这个程序最主要的控制逻辑。这段代码很好地展示了如何组织 Go 程序的代码，以便正确地并发启动和同步 goroutine。先来一步一步考察整个逻辑，再考察每步实现代码的细节。

先来看看 Run 函数是怎么定义的，如代码清单 2-13 所示。

代码清单 2-13　search/search.go：第 11 行到第 12 行

```
11 // Run 执行搜索逻辑
12 func Run(searchTerm string) {
```

　　Go 语言使用关键字 `func` 声明函数，关键字后面紧跟着函数名、参数以及返回值。对于 `Run` 这个函数来说，只有一个参数，是 `string` 类型的，名叫 `searchTerm`。这个参数是 `Run` 函数要搜索的搜索项，如果回头看看 main 函数（如代码清单 2-14 所示），可以看到如何传递这个搜索项。

代码清单 2-14　main.go：第 17 行到第 21 行

```
17 // main 是整个程序的入口
18 func main() {
19     // 使用特定的项做搜索
20     search.Run("president")
21 }
```

　　`Run` 函数做的第一件事情就是获取数据源 `feeds` 列表。这些数据源从互联网上抓取数据，之后对数据使用特定的搜索项进行匹配，如代码清单 2-15 所示。

代码清单 2-15　search/search.go：第 13 行到第 17 行

```
13     // 获取需要搜索的数据源列表
14     feeds, err := RetrieveFeeds()
15     if err != nil {
16         log.Fatal(err)
17     }
```

　　这里有几个值得注意的重要概念。第 14 行调用了 search 包的 `RetrieveFeeds` 函数。这个函数返回两个值。第一个返回值是一组 `Feed` 类型的切片。切片是一种实现了一个动态数组的引用类型。在 Go 语言里可以用切片来操作一组数据。第 4 章会进一步深入了解有关切片的细节。

　　第二个返回值是一个错误值。在第 15 行，检查返回的值是不是真的是一个错误。如果真的发生错误了，就会调用 `log` 包里的 `Fatal` 函数。`Fatal` 函数接受这个错误的值，并将这个错误在终端窗口里输出，随后终止程序。

　　不仅仅是 Go 语言，很多语言都允许一个函数返回多个值。一般会像 `RetrieveFeeds` 函数这样声明一个函数返回一个值和一个错误值。如果发生了错误，永远不要使用该函数返回的另一个值[①]。这时必须忽略另一个值，否则程序会产生更多的错误，甚至崩溃。

　　让我们仔细看看从函数返回的值是如何赋值给变量的，如代码清单 2-16 所示。

代码清单 2-16　search/search.go：第 13 行到第 14 行

```
13     // 获取需要搜索的数据源列表
14     feeds, err := RetrieveFeeds()
```

　　这里可以看到简化变量声明运算符（ `:=` ）。这个运算符用于声明一个变量，同时给这个变量

———————————

① 这个说法并不严格成立，Go 标准库中的 io.Reader.Read 方法就允许同时返回数据和错误。但是，如果是自己实现的函数，要尽量遵守这个原则，保持含义足够明确。——译者注

赋予初始值。编译器使用函数返回值的类型来确定每个变量的类型。简化变量声明运算符只是一种简化记法，让代码可读性更高。这个运算符声明的变量和其他使用关键字 var 声明的变量没有任何区别。

现在我们得到了数据源列表，进入到后面的代码，如代码清单 2-17 所示。

代码清单 2-17　search/search.go：第 19 行到第 20 行

```
19      // 创建一个无缓冲的通道，接收匹配后的结果
20      results := make(chan *Result)
```

在第 20 行，我们使用内置的 make 函数创建了一个无缓冲的通道。我们使用简化变量声明运算符，在调用 make 的同时声明并初始化该通道变量。根据经验，如果需要声明初始值为零值的变量，应该使用 var 关键字声明变量；如果提供确切的非零值初始化变量或者使用函数返回值创建变量，应该使用简化变量声明运算符。

在 Go 语言中，通道（channel）和映射（map）与切片（slice）一样，也是引用类型，不过通道本身实现的是一组带类型的值，这组值用于在 goroutine 之间传递数据。通道内置同步机制，从而保证通信安全。在第 6 章中，我们会介绍更多关于通道和 goroutine 的细节。

之后两行是为了防止程序在全部搜索执行完之前终止，如代码清单 2-18 所示。

代码清单 2-18　search/search.go：第 22 行到第 27 行

```
22      // 构造一个 wait group，以便处理所有的数据源
23      var waitGroup sync.WaitGroup
24
25      // 设置需要等待处理
26      // 每个数据源的 goroutine 的数量
27      waitGroup.Add(len(feeds))
```

在 Go 语言中，如果 main 函数返回，整个程序也就终止了。Go 程序终止时，还会关闭所有之前启动且还在运行的 goroutine。写并发程序的时候，最佳做法是，在 main 函数返回前，清理并终止所有之前启动的 goroutine。编写启动和终止时的状态都很清晰的程序，有助减少 bug，防止资源异常。

这个程序使用 sync 包的 WaitGroup 跟踪所有启动的 goroutine。非常推荐使用 WaitGroup 来跟踪 goroutine 的工作是否完成。WaitGroup 是一个计数信号量，我们可以利用它来统计所有的 goroutine 是不是都完成了工作。

在第 23 行我们声明了一个 sync 包里的 WaitGroup 类型的变量。之后在第 27 行，我们将 WaitGroup 变量的值设置为将要启动的 goroutine 的数量。马上就能看到，我们为每个数据源都启动了一个 goroutine 来处理数据。每个 goroutine 完成其工作后，就会递减 WaitGroup 变量的计数值，当这个值递减到 0 时，我们就知道所有的工作都做完了。

现在让我们来看看为每个数据源启动 goroutine 的代码，如代码清单 2-19 所示。

代码清单 2-19　search/search.go：第 29 行到第 42 行

```
29      // 为每个数据源启动一个 goroutine 来查找结果
30      for _, feed := range feeds {
31          // 获取一个匹配器用于查找
32          matcher, exists := matchers[feed.Type]
33          if !exists {
34              matcher = matchers["default"]
35          }
36
37          // 启动一个 goroutine 来执行搜索
38          go func(matcher Matcher, feed *Feed) {
39              Match(matcher, feed, searchTerm, results)
40              waitGroup.Done()
41          }(matcher, feed)
42      }
```

第 30 行到第 42 行迭代之前获得的 feeds，为每个 feed 启动一个 goroutine。我们使用关键字 for range 对 feeds 切片做迭代。关键字 range 可以用于迭代数组、字符串、切片、映射和通道。使用 for range 迭代切片时，每次迭代会返回两个值。第一个值是迭代的元素在切片里的索引位置，第二个值是元素值的一个副本。

如果仔细看一下第 30 行的 for range 语句，会发现再次使用了下划线标识符，如代码清单 2-20 所示。

代码清单 2-20　search/search.go：第 29 行到第 30 行

```
29      // 为每个数据源启动一个 goroutine 来查找结果
30      for _, feed := range feeds {
```

这是第二次看到使用了下划线标识符。第一次是在 main.go 里导入 matchers 包的时候。这次，下划线标识符的作用是占位符，占据了保存 range 调用返回的索引值的变量的位置。如果要调用的函数返回多个值，而又不需要其中的某个值，就可以使用下划线标识符将其忽略。在我们的例子里，我们不需要使用返回的索引值，所以就使用下划线标识符把它忽略掉。

在循环中，我们首先通过 map 查找到一个可用于处理特定数据源类型的数据的 Matcher 值，如代码清单 2-21 所示。

代码清单 2-21　search/search.go：第 31 行到第 35 行

```
31          // 获取一个匹配器用于查找
32          matcher, exists := matchers[feed.Type]
33          if !exists {
34              matcher = matchers["default"]
35          }
```

我们还没有说过 map 里面的值是如何获得的。一会儿就会在程序初始化的时候看到如何设置 map 里的值。在第 32 行，我们检查 map 是否含有符合数据源类型的值。查找 map 里的键时，有两个选择：要么赋值给一个变量，要么为了精确查找，赋值给两个变量。赋值给两个变量时第一个值和赋值给一个变量时的值一样，是 map 查找的结果值。如果指定了第二个值，就会返回一个布尔标志，来表示查找的键是否存在于 map 里。如果这个键不存在，map 会返回其值类型的零值作为返回值，如果这个键存在，map 会返回键所对应值的副本。

在第 33 行，我们检查这个键是否存在于 map 里。如果不存在，使用默认匹配器。这样程序在不知道对应数据源的具体类型时，也可以执行，而不会中断。之后，启动一个 goroutine 来执行搜索，如代码清单 2-22 所示。

代码清单 2-22 search/search.go：第 37 行到第 41 行

```
37          // 启动一个 goroutine 来执行搜索
38          go func(matcher Matcher, feed *Feed) {
39              Match(matcher, feed, searchTerm, results)
40              waitGroup.Done()
41          }(matcher, feed)
```

我们会在第 6 章进一步学习 goroutine，现在只要知道，一个 goroutine 是一个独立于其他函数运行的函数。使用关键字 go 启动一个 goroutine，并对这个 goroutine 做并发调度。在第 38 行，我们使用关键字 go 启动了一个匿名函数作为 goroutine。匿名函数是指没有明确声明名字的函数。在 for range 循环里，我们为每个数据源，以 goroutine 的方式启动了一个匿名函数。这样可以并发地独立处理每个数据源的数据。

匿名函数也可以接受声明时指定的参数。在第 38 行，我们指定匿名函数要接受两个参数，一个类型为 Matcher，另一个是指向一个 Feed 类型值的指针。这意味着变量 feed 是一个指针变量。指针变量可以方便地在函数之间共享数据。使用指针变量可以让函数访问并修改一个变量的状态，而这个变量可以在其他函数甚至是其他 goroutine 的作用域里声明。

在第 41 行，matcher 和 feed 两个变量的值被传入匿名函数。在 Go 语言中，所有的变量都以值的方式传递。因为指针变量的值是所指向的内存地址，在函数间传递指针变量，是在传递这个地址值，所以依旧被看作以值的方式在传递。

在第 39 行到第 40 行，可以看到每个 goroutine 是如何工作的，如代码清单 2-23 所示。

代码清单 2-23 search/search.go：第 39 行到第 40 行

```
39          Match(matcher, feed, searchTerm, results)
40          waitGroup.Done()
```

goroutine 做的第一件事是调用一个叫 Match 的函数，这个函数可以在 match.go 文件里找到。Match 函数的参数是一个 Matcher 类型的值、一个指向 Feed 类型值的指针、搜索项以及输出结果的通道。我们一会儿再看这个函数的内部细节，现在只要知道，Match 函数会搜索数据源的数据，并将匹配结果输出到 results 通道。

一旦 Match 函数调用完毕，就会执行第 40 行的代码，递减 WaitGroup 的计数。一旦每个 goroutine 都执行调用 Match 函数和 Done 方法，程序就知道每个数据源都处理完成。调用 Done

方法这一行还有一个值得注意的细节：WaitGroup 的值没有作为参数传入匿名函数，但是匿名函数依旧访问到了这个值。

　　Go 语言支持闭包，这里就应用了闭包。实际上，在匿名函数内访问 searchTerm 和 results 变量，也是通过闭包的形式访问的。因为有了闭包，函数可以直接访问到那些没有作为参数传入的变量。匿名函数并没有拿到这些变量的副本，而是直接访问外层函数作用域中声明的这些变量本身。因为 matcher 和 feed 变量每次调用时值不相同，所以并没有使用闭包的方式访问这两个变量，如代码清单 2-24 所示。

代码清单 2-24　search/search.go：第 29 行到第 32 行

```
29      // 为每个数据源启动一个 goroutine 来查找结果
30      for _, feed := range feeds {
31          // 获取一个匹配器用于查找
32          matcher, exists := matchers[feed.Type]
```

　　可以看到，在第 30 行到第 32 行，变量 feed 和 matcher 的值会随着循环的迭代而改变。如果我们使用闭包访问这些变量，随着外层函数里变量值的改变，内层的匿名函数也会感知到这些改变。所有的 goroutine 都会因为闭包共享同样的变量。除非我们以函数参数的形式传值给函数，否则绝大部分 goroutine 最终都会使用同一个 matcher 来处理同一个 feed——这个值很有可能是 feeds 切片的最后一个值。

　　随着每个 goroutine 搜索工作的运行，将结果发送到 results 通道，并递减 waitGroup 的计数，我们需要一种方法来显示所有的结果，并让 main 函数持续工作，直到完成所有的操作，如代码清单 2-25 所示。

代码清单 2-25　search/search.go：第 44 行到第 57 行

```
44      // 启动一个 goroutine 来监控是否所有的工作都做完了
45      go func() {
46          // 等候所有任务完成
47          waitGroup.Wait()
48
49          // 用关闭通道的方式，通知 Display 函数
50          // 可以退出程序了
51          close(results)
52      }()
53
54      // 启动函数，显示返回的结果，
55      // 并且在最后一个结果显示完后返回
56      Display(results)
57  }
```

　　第 45 行到第 56 行的代码解释起来比较麻烦，等我们看完 search 包里的其他代码后再来解释。我们现在只解释表面的语法，随后再来解释底层的机制。在第 45 行到第 52 行，我们以 goroutine 的方式启动了另一个匿名函数。这个匿名函数没有输入参数，使用闭包访问了 WaitGroup 和

results 变量。这个 goroutine 里面调用了 WaitGroup 的 Wait 方法。这个方法会导致 goroutine 阻塞，直到 WaitGroup 内部的计数到达 0。之后，goroutine 调用了内置的 close 函数，关闭了通道，最终导致程序终止。

　　Run 函数的最后一段代码是第 56 行。这行调用了 match.go 文件里的 Display 函数。一旦这个函数返回，程序就会终止。而之前的代码保证了所有 results 通道里的数据被处理之前，Display 函数不会返回。

2.3.2　feed.go

　　现在已经看过了 Run 函数，让我们继续看看 search.go 文件的第 14 行中的 RetrieveFeeds 函数调用背后的代码。这个函数读取 data.json 文件并返回数据源的切片。这些数据源会输出内容，随后使用各自的匹配器进行搜索。代码清单 2-26 给出的是 feed.go 文件的前 8 行代码。

代码清单 2-26　feed.go：第 01 行到第 08 行

```
01 package search
02
03 import (
04     "encoding/json"
05     "os"
06 )
07
08 const dataFile = "data/data.json"
```

　　这个代码文件在 search 文件夹里，所以第 01 行声明了包的名字为 search。第 03 行到第 06 行导入了标准库中的两个包。json 包提供编解码 JSON 的功能，os 包提供访问操作系统的功能，如读文件。

　　读者可能注意到了，导入 json 包的时候需要指定 encoding 路径。不考虑这个路径的话，我们导入包的名字叫作 json。不管标准库的路径是什么样的，并不会改变包名。我们在访问 json 包内的函数时，依旧是指定 json 这个名字。

　　在第 08 行，我们声明了一个叫作 dataFile 的常量，使用内容是磁盘上根据相对路径指定的数据文件名的字符串做初始化。因为 Go 编译器可以根据赋值运算符右边的值来推导类型，声明常量的时候不需要指定类型。此外，这个常量的名称使用小写字母开头，表示它只能在 search 包内的代码里直接访问，而不暴露到包外面。

　　接着我们来看看 data.json 数据文件的部分内容，如代码清单 2-27 所示。

代码清单 2-27　data.json

```
[
    {
        "site" : "npr",
        "link" : "http://www.npr.org/rss/rss.php?id=1001",
        "type" : "rss"
```

```
    },
    {
        "site" : "cnn",
        "link" : "http://rss.cnn.com/rss/cnn_world.rss",
        "type" : "rss"
    },
    {
        "site" : "foxnews",
        "link" : "http://feeds.foxnews.com/foxnews/world?format=xml",
        "type" : "rss"
    },
    {
        "site" : "nbcnews",
        "link" : "http://feeds.nbcnews.com/feeds/topstories",
        "type" : "rss"
    }
]
```

为了保证数据的有效性，代码清单 2-27 只选用了 4 个数据源，实际数据文件包含的数据要比这 4 个多。数据文件包括一个 JSON 文档数组。数组的每一项都是一个 JSON 文档，包含获取数据的网站名、数据的链接以及我们期望获得的数据类型。

这些数据文档需要解码到一个结构组成的切片里，以便我们能在程序里使用这些数据。来看看用于解码数据文档的结构类型，如代码清单 2-28 所示。

代码清单 2-28　feed.go：第 10 行到第 15 行

```
10 // Feed 包含我们需要处理的数据源的信息
11 type Feed struct {
12     Name string `json:"site"`
13     URI  string `json:"link"`
14     Type string `json:"type"`
15 }
```

在第 11 行到第 15 行，我们声明了一个名叫 Feed 的结构类型。这个类型会对外暴露。这个类型里面声明了 3 个字段，每个字段的类型都是字符串，对应于数据文件中各个文档的不同字段。每个字段的声明最后 ` 引号里的部分被称作标记（tag）。这个标记里描述了 JSON 解码的元数据，用于创建 Feed 类型值的切片。每个标记将结构类型里字段对应到 JSON 文档里指定名字的字段。

现在可以看看 search.go 代码文件的第 14 行中调用的 RetrieveFeeds 函数了。这个函数读取数据文件，并将每个 JSON 文档解码，存入一个 Feed 类型值的切片里，如代码清单 2-29 所示。

代码清单 2-29　feed.go：第 17 行到第 36 行

```
17 // RetrieveFeeds 读取并反序列化源数据文件
18 func RetrieveFeeds() ([]*Feed, error) {
19     // 打开文件
20     file, err := os.Open(dataFile)
21     if err != nil {
22         return nil, err
23     }
```

```
24
25     // 当函数返回时
26     // 关闭文件
27     defer file.Close()
28
29     // 将文件解码到一个切片里
30     // 这个切片的每一项是一个指向一个 Feed 类型值的指针
31     var feeds []*Feed
32     err = json.NewDecoder(file).Decode(&feeds)
33
34     // 这个函数不需要检查错误，调用者会做这件事
35     return feeds, err
36 }
```

让我们从第 18 行的函数声明开始。这个函数没有参数，会返回两个值。第一个返回值是一个切片，其中每一项指向一个 Feed 类型的值。第二个返回值是一个 error 类型的值，用来表示函数是否调用成功。在这个代码示例里，会经常看到返回 error 类型值来表示函数是否调用成功。这种用法在标准库里也很常见。

现在让我们看看第 20 行到第 23 行。在这几行里，我们使用 os 包打开了数据文件。我们使用相对路径调用 Open 方法，并得到两个返回值。第一个返回值是一个指针，指向 File 类型的值，第二个返回值是 error 类型的值，检查 Open 调用是否成功。紧接着第 21 行就检查了返回的 error 类型错误值，如果打开文件真的有问题，就把这个错误值返回给调用者。

如果成功打开了文件，会进入到第 27 行。这里使用了关键字 defer，如代码清单 2-30 所示。

代码清单 2-30　feed.go：第 25 行到第 27 行

```
25     // 当函数返回时
26     // 关闭文件
27     defer file.Close()
```

关键字 defer 会安排随后的函数调用在函数返回时才执行。在使用完文件后，需要主动关闭文件。使用关键字 defer 来安排调用 Close 方法，可以保证这个函数一定会被调用。哪怕函数意外崩溃终止，也能保证关键字 defer 安排调用的函数会被执行。关键字 defer 可以缩短打开文件和关闭文件之间间隔的代码行数，有助提高代码可读性，减少错误。

现在可以看看这个函数的最后几行，如代码清单 2-31 所示。先来看一下第 31 行到第 35 行的代码。

代码清单 2-31　feed.go：第 29 行到第 36 行

```
29     // 将文件解码到一个切片里
30     // 这个切片的每一项是一个指向一个 Feed 类型值的指针
31     var feeds []*Feed
32     err = json.NewDecoder(file).Decode(&feeds)
33
34     // 这个函数不需要检查错误，调用者会做这件事
35     return feeds, err
36 }
```

　　在第 31 行我们声明了一个名字叫 feeds，值为 nil 的切片，这个切片包含一组指向 Feed 类型值的指针。之后在第 32 行我们调用 json 包的 NewDecoder 函数，然后在其返回值上调用 Decode 方法。我们使用之前调用 Open 返回的文件句柄调用 NewDecoder 函数，并得到一个指向 Decoder 类型的值的指针。之后再调用这个指针的 Decode 方法，传入切片的地址。之后 Decode 方法会解码数据文件，并将解码后的值以 Feed 类型值的形式存入切片里。

　　根据 Decode 方法的声明，该方法可以接受任何类型的值，如代码清单 2-32 所示。

代码清单 2-32　使用空 interface

```
func (dec *Decoder) Decode(v interface{}) error
```

　　Decode 方法接受一个类型为 interface{} 的值作为参数。这个类型在 Go 语言里很特殊，一般会配合 reflect 包里提供的反射功能一起使用。

　　最后，第 35 行给函数的调用者返回了切片和错误值。在这个例子里，不需要对 Decode 调用之后的错误做检查。函数执行结束，这个函数的调用者可以检查这个错误值，并决定后续如何处理。

　　现在让我们看看搜索的代码是如何支持不同类型的数据源的。让我们去看看匹配器的代码。

2.3.3　match.go/default.go

　　match.go 代码文件包含创建不同类型匹配器的代码，这些匹配器用于在 Run 函数里对数据进行搜索。让我们回头看看 Run 函数里使用不同匹配器执行搜索的代码，如代码清单 2-33 所示。

代码清单 2-33　search/search.go：第 29 行到第 42 行

```
29      // 为每个数据源启动一个 goroutine 来查找结果
30      for _, feed := range feeds {
31          // 获取一个匹配器用于查找
32          matcher, exists := matchers[feed.Type]
33          if !exists {
34              matcher = matchers["default"]
35          }
36
37          // 启动一个 goroutine 执行查找
38          go func(matcher Matcher, feed *Feed) {
39              Match(matcher, feed, searchTerm, results)
40              waitGroup.Done()
41          }(matcher, feed)
42      }
```

　　代码的第 32 行，根据数据源类型查找一个匹配器值。这个匹配器值随后会用于在特定的数据源里处理搜索。之后在第 38 行到第 41 行启动了一个 goroutine，让匹配器对数据源的数据进行搜索。让这段代码起作用的关键是这个架构使用一个接口类型来匹配并执行具有特定实现的匹配器。这样，就能使用这段代码，以一致且通用的方法，来处理不同类型的匹配器值。让我们看一下 match.go 里的代码，看看如何才能实现这一功能。

代码清单 2-34 给出的是 match.go 的前 17 行代码。

代码清单 2-34　search/match.go：第 01 行到第 17 行

```
01 package search
02
03 import (
04     "log"
05 )
06
07 // Result 保存搜索的结果
08 type Result struct {
09     Field    string
10     Content string
11 }
12
13 // Matcher 定义了要实现的
14 // 新搜索类型的行为
15 type Matcher interface {
16     Search(feed *Feed, searchTerm string) ([]*Result, error)
17 }
```

让我们看一下第 15 行到第 17 行，这里声明了一个名为 Matcher 的接口类型。之前，我们只见过声明结构类型，而现在看到如何声明一个 interface（接口）类型。我们会在第 5 章介绍接口的更多细节，现在只需要知道，interface 关键字声明了一个接口，这个接口声明了结构类型或者具名类型需要实现的行为。一个接口的行为最终由在这个接口类型中声明的方法决定。

对于 Matcher 这个接口来说，只声明了一个 Search 方法，这个方法输入一个指向 Feed 类型值的指针和一个 string 类型的搜索项。这个方法返回两个值：一个指向 Result 类型值的指针的切片，另一个是错误值。Result 类型的声明在第 08 行到第 11 行。

命名接口的时候，也需要遵守 Go 语言的命名惯例。如果接口类型只包含一个方法，那么这个类型的名字以 er 结尾。我们的例子里就是这么做的，所以这个接口的名字叫作 Matcher。如果接口类型内部声明了多个方法，其名字需要与其行为关联。

如果要让一个用户定义的类型实现一个接口，这个用户定义的类型要实现接口类型里声明的所有方法。让我们切换到 default.go 代码文件，看看默认匹配器是如何实现 Matcher 接口的，如代码清单 2-35 所示。

代码清单 2-35　search/default.go：第 01 行到第 15 行

```
01 package search
02
03 // defaultMatcher 实现了默认匹配器
04 type defaultMatcher struct{}
05
06 // init 函数将默认匹配器注册到程序里
07 func init() {
```

```
08      var matcher defaultMatcher
09      Register("default", matcher)
10 }
11
12 // Search 实现了默认匹配器的行为
13 func (m defaultMatcher) Search(feed *Feed, searchTerm string) ([]*Result, error) {
14      return nil, nil
15 }
```

在第 04 行，我们使用一个空结构声明了一个名叫 defaultMatcher 的结构类型。空结构在创建实例时，不会分配任何内存。这种结构很适合创建没有任何状态的类型。对于默认匹配器来说，不需要维护任何状态，所以我们只要实现对应的接口就行。

在第 13 行到第 15 行，可以看到 defaultMatcher 类型实现 Matcher 接口的代码。实现接口的方法 Search 只返回两个 nil 值。其他的实现，如 RSS 匹配器的实现，会在这个方法里使用特定的业务逻辑规则来处理搜索。

Search 方法的声明也声明了 defaultMatcher 类型的值的接收者，如代码清单 2-36 所示。

代码清单 2-36　search/default.go：第 13 行

```
13 func (m defaultMatcher) Search
```

如果声明函数的时候带有接收者，则意味着声明了一个方法。这个方法会和指定的接收者的类型绑在一起。在我们的例子里，Search 方法与 defaultMatcher 类型的值绑在一起。这意味着我们可以使用 defaultMatcher 类型的值或者指向这个类型值的指针来调用 Search 方法。无论我们是使用接收者类型的值来调用这个方法，还是使用接收者类型值的指针来调用这个方法，编译器都会正确地引用或者解引用对应的值，作为接收者传递给 Search 方法，如代码清单 2-37 所示。

代码清单 2-37　调用方法的例子

```
// 方法声明为使用 defaultMatcher 类型的值作为接收者
func (m defaultMatcher) Search(feed *Feed, searchTerm string)

// 声明一个指向 defaultMatcher 类型值的指针
dm := new(defaultMatcher)

// 编译器会解开 dm 指针的引用，使用对应的值调用方法
dm.Search(feed, "test")

// 方法声明为使用指向 defaultMatcher 类型值的指针作为接收者
func (m *defaultMatcher) Search(feed *Feed, searchTerm string)

// 声明一个 defaultMatcher 类型的值
var dm defaultMatcher

// 编译器会自动生成指针引用 dm 值，使用指针调用方法
dm.Search(feed, "test")
```

因为大部分方法在被调用后都需要维护接收者的值的状态，所以，一个最佳实践是，将方法的接收者声明为指针。对于 defaultMatcher 类型来说，使用值作为接收者是因为创建一个 defaultMatcher 类型的值不需要分配内存。由于 defaultMatcher 不需要维护状态，所以不需要指针形式的接收者。

与直接通过值或者指针调用方法不同，如果通过接口类型的值调用方法，规则有很大不同，如代码清单 2-38 所示。使用指针作为接收者声明的方法，只能在接口类型的值是一个指针的时候被调用。使用值作为接收者声明的方法，在接口类型的值为值或者指针时，都可以被调用。

代码清单 2-38　接口方法调用所受限制的例子

```
// 方法声明为使用指向 defaultMatcher 类型值的指针作为接收者
func (m *defaultMatcher) Search(feed *Feed, searchTerm string)

// 通过 interface 类型的值来调用方法
var dm defaultMatcher
var matcher Matcher = dm        // 将值赋值给接口类型
matcher.Search(feed, "test") // 使用值来调用接口方法

> go build
cannot use dm (type defaultMatcher) as type Matcher in assignment

// 方法声明为使用 defaultMatcher 类型的值作为接收者
func (m defaultMatcher) Search(feed *Feed, searchTerm string)

// 通过 interface 类型的值来调用方法
var dm defaultMatcher
var matcher Matcher = &dm       // 将指针赋值给接口类型
matcher.Search(feed, "test") // 使用指针来调用接口方法

> go build
Build Successful
```

除了 Search 方法，defaultMatcher 类型不需要为实现接口做更多的事情了。从这段代码之后，不论是 defaultMatcher 类型的值还是指针，都满足 Matcher 接口，都可以作为 Matcher 类型的值使用。这是代码可以工作的关键。defaultMatcher 类型的值和指针现在还可以作为 Matcher 的值，赋值或者传递给接受 Matcher 类型值的函数。

让我们看看 match.go 代码文件里实现 Match 函数的代码，如代码清单 2-39 所示。这个函数在 search.go 代码文件的第 39 行中由 Run 函数调用。

代码清单 2-39　search/match.go：第 19 行到第 33 行

```
19 // Match 函数，为每个数据源单独启动 goroutine 来执行这个函数
20 // 并发地执行搜索
21 func Match(matcher Matcher, feed *Feed, searchTerm string, results chan<- *Result) {
22     // 对特定的匹配器执行搜索
23     searchResults, err := matcher.Search(feed, searchTerm)
24     if err != nil {
```

```
25          log.Println(err)
26          return
27      }
28
29      // 将结果写入通道
30      for _, result := range searchResults {
31          results <- result
32      }
33 }
```

这个函数使用实现了 Matcher 接口的值或者指针，进行真正的搜索。这个函数接受 Matcher 类型的值作为第一个参数。只有实现了 Matcher 接口的值或者指针能被接受。因为 defaultMatcher 类型使用值作为接收者，实现了这个接口，所以 defaultMatcher 类型的值或者指针可以传入这个函数。

在第 23 行，调用了传入函数的 Matcher 类型值的 Search 方法。这里执行了 Matcher 变量中特定的 Search 方法。Search 方法返回后，在第 24 行检测返回的错误值是否真的是一个错误。如果是一个错误，函数通过 log 输出错误信息并返回。如果搜索并没有返回错误，而是返回了搜索结果，则把结果写入通道，以便正在监听通道的 main 函数就能收到这些结果。

match.go 中的最后一部分代码就是 Run 函数在第 56 行调用的 Display 函数，如代码清单 2-40 所示。这个函数会阻止程序终止，直到接收并输出了搜索 goroutine 返回的所有结果。

代码清单 2-40　search/match.go：第 35 行到第 43 行

```
35 // Display 从每个单独的 goroutine 接收到结果后
36 // 在终端窗口输出
37 func Display(results chan *Result) {
38     // 通道会一直被阻塞，直到有结果写入
39     // 一旦通道被关闭，for 循环就会终止
40     for result := range results {
41         fmt.Printf("%s:\n%s\n\n", result.Field, result.Content)
42     }
43 }
```

当通道被关闭时，通道和关键字 range 的行为，使这个函数在处理完所有结果后才会返回。让我们再来简单看一下 Run 函数的代码，特别是关闭 results 通道并调用 Display 函数那段，如代码清单 2-41 所示。

代码清单 2-41　search/search.go：第 44 行到第 57 行

```
44      // 启动一个 goroutine 来监控是否所有的工作都做完了
45      go func() {
46          // 等候所有任务完成
47          waitGroup.Wait()
48
49          // 用关闭通道的方式，通知 Display 函数
50          // 可以退出程序了
51          close(results)
52      }()
```

```
53
54      // 启动函数，显示返回的结果，
55      // 并且在最后一个结果显示完后返回
56      Display(results)
57  }
```

第 45 行到第 52 行定义的 goroutine 会等待 waitGroup，直到搜索 goroutine 调用了 Done 方法。一旦最后一个搜索 goroutine 调用了 Done，Wait 方法会返回，之后第 51 行的代码会关闭 results 通道。一旦通道关闭，goroutine 就会终止，不再工作。

在 match.go 代码文件的第 30 行到第 32 行，搜索结果会被写入通道，如代码清单 2-42 所示。

代码清单 2-42　search/match.go：第 29 行到第 32 行

```
29      // 将结果写入通道
30      for _, result := range searchResults {
31          results <- result
32      }
```

如果回头看一看 match.go 代码文件的第 40 行到第 42 行的 for range 循环，如代码清单 2-43 所示，我们就能把写入结果、关闭通道和处理结果这些流程串在一起。

代码清单 2-43　search/match.go：第 38 行到第 42 行

```
38      // 通道会一直被阻塞，直到有结果写入
39      // 一旦通道被关闭，for 循环就会终止
40      for result := range results {
41          fmt.Printf("%s:\n%s\n\n", result.Field, result.Content)
42      }
```

match.go 代码文件的第 40 行的 for range 循环会一直阻塞，直到有结果写入通道。在某个搜索 goroutine 向通道写入结果后（如在 match.go 代码文件的第 31 行所见），for range 循环被唤醒，读出这些结果。之后，结果会立刻写到日志中。看上去这个 for range 循环会无限循环下去，但其实不然。一旦 search.go 代码文件第 51 行关闭了通道，for range 循环就会终止，Display 函数也会返回。

在我们去看 RSS 匹配器的实现之前，再看一下程序开始执行时，如何初始化不同的匹配器。为此，我们需要先回头看看 default.go 代码文件的第 07 行到第 10 行，如代码清单 2-44 所示。

代码清单 2-44　search/default.go：第 06 行到第 10 行

```
06  // init 函数将默认匹配器注册到程序里
07  func init() {
08      var matcher defaultMatcher
09      Register("default", matcher)
10  }
```

在代码文件 default.go 里有一个特殊的函数，名叫 init。在 main.go 代码文件里也能看到同名的函数。我们之前说过，程序里所有的 init 方法都会在 main 函数启动前被调用。让我们再

看看 main.go 代码文件导入了哪些代码，如代码清单 2-45 所示。

代码清单 2-45   main.go：第 07 行到第 08 行

```
07     _ "github.com/goinaction/code/chapter2/sample/matchers"
08       "github.com/goinaction/code/chapter2/sample/search"
```

第 8 行导入 search 包，这让编译器可以找到 default.go 代码文件里的 init 函数。一旦编译器发现 init 函数，它就会给这个函数优先执行的权限，保证其在 main 函数之前被调用。

代码文件 default.go 里的 init 函数执行一个特殊的任务。这个函数会创建一个 defaultMatcher 类型的值，并将这个值传递给 search.go 代码文件里的 Register 函数，如代码清单 2-46 所示。

代码清单 2-46   search/search.go：第 59 行到第 67 行

```
59 // Register 调用时，会注册一个匹配器，提供给后面的程序使用
60 func Register(feedType string, matcher Matcher) {
61     if _, exists := matchers[feedType]; exists {
62         log.Fatalln(feedType, "Matcher already registered")
63     }
64
65     log.Println("Register", feedType, "matcher")
66     matchers[feedType] = matcher
67 }
```

这个函数的职责是，将一个 Matcher 值加入到保存注册匹配器的映射中。所有这种注册都应该在 main 函数被调用前完成。使用 init 函数可以非常完美地完成这种初始化时注册的任务。

2.4   RSS 匹配器

最后要看的一部分代码是 RSS 匹配器的实现代码。我们之前看到的代码搭建了一个框架，以便能够实现不同的匹配器来搜索内容。RSS 匹配器的结构与默认匹配器的结构很类似。每个匹配器为了匹配接口，Search 方法的实现都不同，因此匹配器之间无法互相替换。

代码清单 2-47 中的 RSS 文档是一个例子。当我们访问数据源列表里 RSS 数据源的链接时，期望获得的数据就和这个例子类似。

代码清单 2-47   期望的 RSS 数据源文档

```
<rss xmlns:npr="http://www.npr.org/rss/" xmlns:nprml="http://api"
    <channel>
        <title>News</title>
        <link>...</link>
        <description>...</description>

        <language>en</language>
```

```
<copyright>Copyright 2014 NPR - For Personal Use
<image>...</image>
<item>
    <title>
        Putin Says He'll Respect Ukraine Vote But U.S.
    </title>
    <description>
        The White House and State Department have called on the
    </description>
```

如果用浏览器打开代码清单 2-47 中的任意一个链接，就能看到期望的 RSS 文档的完整内容。RSS 匹配器的实现会下载这些 RSS 文档，使用搜索项来搜索标题和描述域，并将结果发送给 results 通道。让我们先看看 rss.go 代码文件的前 12 行代码，如代码清单 2-48 所示。

代码清单 2-48 matchers/rss.go：第 01 行到第 12 行

```
01 package matchers
02
03 import (
04     "encoding/xml"
05     "errors"
06     "fmt"
07     "log"
08     "net/http"
09     "regexp"
10
11     "github.com/goinaction/code/chapter2/sample/search"
12 )
```

和其他代码文件一样，第 1 行定义了包名。这个代码文件处于名叫 matchers 的文件夹中，所以包名也叫 matchers。之后，我们从标准库中导入了 6 个库，还导入了 search 包。再一次，我们看到有些标准库的包是从标准库所在的子文件夹导入的，如 xml 和 http。就像 json 包一样，路径里最后一个文件夹的名字代表包的名字。

为了让程序可以使用文档里的数据，解码 RSS 文档的时候需要用到 4 个结构类型，如代码清单 2-49 所示。

代码清单 2-49 matchers/rss.go：第 14 行到第 58 行

```
14 type (
15     // item 根据 item 字段的标签，将定义的字段
16     // 与 rss 文档的字段关联起来
17     item struct {
18         XMLName     xml.Name `xml:"item"`
19         PubDate     string   `xml:"pubDate"`
20         Title       string   `xml:"title"`
21         Description string   `xml:"description"`
22         Link        string   `xml:"link"`
23         GUID        string   `xml:"guid"`
24         GeoRssPoint string   `xml:"georss:point"`
25     }
```

```
26
27    // image 根据 image 字段的标签，将定义的字段
28    // 与 rss 文档的字段关联起来
29    image struct {
30        XMLName xml.Name `xml:"image"`
31        URL     string   `xml:"url"`
32        Title   string   `xml:"title"`
33        Link    string   `xml:"link"`
34    }
35
36    // channel 根据 channel 字段的标签，将定义的字段
37    // 与 rss 文档的字段关联起来
38    channel struct {
39        XMLName        xml.Name `xml:"channel"`
40        Title          string   `xml:"title"`
41        Description    string   `xml:"description"`
42        Link           string   `xml:"link"`
43        PubDate        string   `xml:"pubDate"`
44        LastBuildDate  string   `xml:"lastBuildDate"`
45        TTL            string   `xml:"ttl"`
46        Language       string   `xml:"language"`
47        ManagingEditor string   `xml:"managingEditor"`
48        WebMaster      string   `xml:"webMaster"`
49        Image          image    `xml:"image"`
50        Item           []item   `xml:"item"`
51    }
52
53    // rssDocument 定义了与 rss 文档关联的字段
54    rssDocument struct {
55        XMLName xml.Name `xml:"rss"`
56        Channel channel  `xml:"channel"`
57    }
58 )
```

如果把这些结构与任意一个数据源的 RSS 文档对比，就能发现它们的对应关系。解码 XML 的方法与我们在 feed.go 代码文件里解码 JSON 文档一样。接下来我们可以看看 rssMatcher 类型的声明，如代码清单 2-50 所示。

代码清单 2-50　matchers/rss.go：第 60 行到第 61 行

```
60 // rssMatcher 实现了 Matcher 接口
61 type rssMatcher struct{}
```

再说明一次，这个声明与 defaultMatcher 类型的声明很像。因为不需要维护任何状态，所以我们使用了一个空结构来实现 Matcher 接口。接下来看看匹配器 init 函数的实现，如代码清单 2-51 所示。

代码清单 2-51　matchers/rss.go：第 63 行到第 67 行

```
63 // init 将匹配器注册到程序里
64 func init() {
65     var matcher rssMatcher
```

```
66       search.Register("rss", matcher)
67 }
```

就像在默认匹配器里看到的一样，init 函数将 rssMatcher 类型的值注册到程序里，以备后用。让我们再看一次 main.go 代码文件里的导入部分，如代码清单 2-52 所示。

代码清单 2-52   main.go：第 07 行到第 08 行

```
07    _ "github.com/goinaction/code/chapter2/sample/matchers"
08      "github.com/goinaction/code/chapter2/sample/search"
```

main.go 代码文件里的代码并没有直接使用任何 matchers 包里的标识符。不过，我们依旧需要编译器安排调用 rss.go 代码文件里的 init 函数。在第 07 行，我们使用下划线标识符作为别名导入 matchers 包，完成了这个调用。这种方法可以让编译器在导入未被引用的包时不报错，而且依旧会定位到包内的 init 函数。我们已经看过了所有的导入、类型和初始化函数，现在来看看最后两个用于实现 Matcher 接口的方法，如代码清单 2-53 所示。

代码清单 2-53   matchers/rss.go：第 114 行到第 140 行

```
114 // retrieve 发送 HTTP Get 请求获取 rss 数据源并解码
115 func (m rssMatcher) retrieve(feed *search.Feed) (*rssDocument, error) {
116     if feed.URI == "" {
117         return nil, errors.New("No rss feed URI provided")
118     }
119
120     // 从网络获得 rss 数据源文档
121     resp, err := http.Get(feed.URI)
122     if err != nil {
123         return nil, err
124     }
125
126     // 一旦从函数返回，关闭返回的响应链接
127     defer resp.Body.Close()
128
129     // 检查状态码是不是 200，这样就能知道
130     // 是不是收到了正确的响应
131     if resp.StatusCode != 200 {
132         return nil, fmt.Errorf("HTTP Response Error %d\n", resp.StatusCode)
133     }
134
135     // 将 rss 数据源文档解码到我们定义的结构类型里
136     // 不需要检查错误，调用者会做这件事
137     var document rssDocument
138     err = xml.NewDecoder(resp.Body).Decode(&document)
139     return &document, err
140 }
```

方法 retrieve 并没有对外暴露，其执行的逻辑是从 RSS 数据源的链接拉取 RSS 文档。在第 121 行，可以看到调用了 http 包的 Get 方法。我们会在第 8 章进一步介绍这个包，现在只需要知道，使用 http 包，Go 语言可以很容易地进行网络请求。当 Get 方法返回后，我们可以

得到一个指向 Response 类型值的指针。之后会监测网络请求是否出错，并在第 127 行安排函数返回时调用 Close 方法。

在第 131 行，我们检测了 Response 值的 StatusCode 字段，确保收到的响应是 200。任何不是 200 的请求都需要作为错误处理。如果响应值不是 200，我们使用 fmt 包里的 Errorf 函数返回一个自定义的错误。最后 3 行代码很像之前解码 JSON 数据文件的代码。只是这次使用 xml 包并调用了同样叫作 NewDecoder 的函数。这个函数会返回一个指向 Decoder 值的指针。之后调用这个指针的 Decode 方法，传入 rssDocument 类型的局部变量 document 的地址。最后返回这个局部变量的地址和 Decode 方法调用返回的错误值。

最后我们来看看实现了 Matcher 接口的方法，如代码清单 2-54 所示。

代码清单 2-54　matchers/rss.go：第 69 行到第 112 行

```
69  // Search 在文档中查找特定的搜索项
70  func (m rssMatcher) Search(feed *search.Feed, searchTerm string)
                                            ([]*search.Result, error) {
71      var results []*search.Result
72
73      log.Printf("Search Feed Type[%s] Site[%s] For Uri[%s]\n",
                                        feed.Type, feed.Name, feed.URI)
74
75      // 获取要搜索的数据
76      document, err := m.retrieve(feed)
77      if err != nil {
78          return nil, err
79      }
80
81      for _, channelItem := range document.Channel.Item {
82          // 检查标题部分是否包含搜索项
83          matched, err := regexp.MatchString(searchTerm, channelItem.Title)
84          if err != nil {
85              return nil, err
86          }
87
88          // 如果找到匹配的项，将其作为结果保存
89          if matched {
90              results = append(results, &search.Result{
91                  Field:   "Title",
92                  Content: channelItem.Title,
93              })
94          }
95
96          // 检查描述部分是否包含搜索项
97          matched, err = regexp.MatchString(searchTerm, channelItem.Description)
98          if err != nil {
99              return nil, err
100         }
101
102         // 如果找到匹配的项，将其作为结果保存
```

```
103              if matched {
104                  results = append(results, &search.Result{
105                      Field:   "Description",
106                      Content: channelItem.Description,
107                  })
108              }
109          }
110
111      return results, nil
112 }
```

我们从第 71 行 results 变量的声明开始分析，如代码清单 2-55 所示。这个变量用于保存并返回找到的结果。

代码清单 2-55　　matchers/rss.go：第 71 行

```
71      var results []*search.Result
```

我们使用关键字 var 声明了一个值为 nil 的切片，切片每一项都是指向 Result 类型值的指针。Result 类型的声明在之前 match.go 代码文件的第 08 行中可以找到。之后在第 76 行，我们使用刚刚看过的 retrieve 方法进行网络调用，如代码清单 2-56 所示。

代码清单 2-56　　matchers/rss.go：第 75 行到第 79 行

```
75      // 获取要搜索的数据
76      document, err := m.retrieve(feed)
77      if err != nil {
78          return nil, err
79      }
```

调用 retrieve 方法返回了一个指向 rssDocument 类型值的指针以及一个错误值。之后，像已经多次看过的代码一样，检查错误值，如果真的是一个错误，直接返回。如果没有错误发生，之后会依次检查得到的 RSS 文档的每一项的标题和描述，如果与搜索项匹配，就将其作为结果保存，如代码清单 2-57 所示。

代码清单 2-57　　matchers/rss.go：第 81 行到第 86 行

```
81      for _, channelItem := range document.Channel.Item {
82          // 检查标题部分是否包含搜索项
83          matched, err := regexp.MatchString(searchTerm, channelItem.Title)
84          if err != nil {
85              return nil, err
86          }
```

既然 document.Channel.Item 是一个 item 类型值的切片，我们在第 81 行对其使用 for range 循环，依次访问其内部的每一项。在第 83 行，我们使用 regexp 包里的 MatchString 函数，对 channelItem 值里的 Title 字段进行搜索，查找是否有匹配的搜索项。之后在第 84 行检查错误。如果没有错误，就会在第 89 行到第 94 行检查匹配的结果，如代码清单 2-58 所示。

代码清单 2-58　matchers/rss.go：第 88 行到第 94 行

```
88            // 如果找到匹配的项, 将其作为结果保存
89            if matched {
90                results = append(results, &search.Result{
91                    Field:   "Title",
92                    Content: channelItem.Title,
93                })
94            }
```

如果调用 MatchString 方法返回的 matched 的值为真, 我们使用内置的 append 函数, 将搜索结果加入到 results 切片里。append 这个内置函数会根据切片需要, 决定是否要增加切片的长度和容量。我们会在第 4 章了解关于内置函数 append 的更多知识。这个函数的第一个参数是希望追加到的切片, 第二个参数是要追加的值。在这个例子里, 追加到切片的值是一个指向 Result 类型值的指针。这个值直接使用字面声明的方式, 初始化为 Result 类型的值。之后使用取地址运算符 (&), 获得这个新值的地址。最终将这个指针存入了切片。

在检查标题是否匹配后, 第 97 行到第 108 行使用同样的逻辑检查 Description 字段。最后, 在第 111 行, Search 方法返回了 results 作为函数调用的结果。

2.5　小结

- 每个代码文件都属于一个包, 而包名应该与代码文件所在的文件夹同名。
- Go 语言提供了多种声明和初始化变量的方式。如果变量的值没有显式初始化, 编译器会将变量初始化为零值。
- 使用指针可以在函数间或者 goroutine 间共享数据。
- 通过启动 goroutine 和使用通道完成并发和同步。
- Go 语言提供了内置函数来支持 Go 语言内部的数据结构。
- 标准库包含很多包, 能做很多很有用的事情。
- 使用 Go 接口可以编写通用的代码和框架。

第 3 章　打包和工具链

本章主要内容

- 如何组织 Go 代码
- 使用 Go 语言自带的相关命令
- 使用其他开发者提供的工具
- 与其他开发者合作

我们在第 2 章概览了 Go 语言的语法和语言结构。本章会进一步介绍如何把代码组织成包，以及如何操作这些包。在 Go 语言里，包是个非常重要的概念。其设计理念是使用包来封装不同语义单元的功能。这样做，能够更好地复用代码，并对每个包内的数据的使用有更好的控制。

在进入具体细节之前，假设读者已经熟悉命令行提示符，或者操作系统的 shell，而且应该已经在本书前言的帮助下，安装了 Go。如果上面这些都准备好了，就让我们开始进入细节，了解什么是包，以及包为什么对 Go 语言的生态非常重要。

3.1　包

所有 Go 语言的程序都会组织成若干组文件，每组文件被称为一个包。这样每个包的代码都可以作为很小的复用单元，被其他项目引用。让我们看看标准库中的 `http` 包是怎么利用包的特性组织功能的：

```
net/http/
    cgi/
    cookiejar/
        testdata/
    fcgi/
    httptest/
    httputil/
    pprof/
    testdata/
```

这些目录包括一系列以.go 为扩展名的相关文件。这些目录将实现 HTTP 服务器、客户端、测试工具和性能调试工具的相关代码拆分成功能清晰的、小的代码单元。以 cookiejar 包为例，这个包里包含与存储和获取网页会话上的 cookie 相关的代码。每个包都可以单独导入和使用，以便开发者可以根据自己的需要导入特定功能。例如，如果要实现 HTTP 客户端，只需要导入 http 包就可以。

所有的.go 文件，除了空行和注释，都应该在第一行声明自己所属的包。每个包都在一个单独的目录里。不能把多个包放到同一个目录中，也不能把同一个包的文件分拆到多个不同目录中。这意味着，同一个目录下的所有.go 文件必须声明同一个包名。

3.1.1 包名惯例

给包命名的惯例是使用包所在目录的名字。这让用户在导入包的时候，就能清晰地知道包名。我们继续以 net/http 包为例，在 http 目录下的所有文件都属于 http 包。给包及其目录命名时，应该使用简洁、清晰且全小写的名字，这有利于开发时频繁输入包名。例如，net/http 包下面的包，如 cgi、httputil 和 pprof，名字都很简洁。

记住，并不需要所有包的名字都与别的包不同，因为导入包时是使用全路径的，所以可以区分同名的不同包。一般情况下，包被导入后会使用你的包名作为默认的名字，不过这个导入后的名字可以修改。这个特性在需要导入不同目录的同名包时很有用。3.2 节会展示如何修改导入的包名。

3.1.2 main 包

在 Go 语言里，命名为 main 的包具有特殊的含义。Go 语言的编译程序会试图把这种名字的包编译为二进制可执行文件。所有用 Go 语言编译的可执行程序都必须有一个名叫 main 的包。

当编译器发现某个包的名字为 main 时，它一定也会发现名为 main() 的函数，否则不会创建可执行文件。main() 函数是程序的入口，所以，如果没有这个函数，程序就没有办法开始执行。程序编译时，会使用声明 main 包的代码所在的目录的目录名作为二进制可执行文件的文件名。

命令和包 Go 文档里经常使用命令（command）这个词来指代可执行程序，如命令行应用程序。这会让新手在阅读文档时产生困惑。记住，在 Go 语言里，命令是指任何可执行程序。作为对比，包更常用来指语义上可导入的功能单元。

让我们来实际体验一下。首先，在$GOPATH/src/hello/目录里创建一个叫 hello.go 的文件，并输入代码清单 3-1 里的内容。这是个经典的"Hello World!"程序，不过，注意一下包的声明以及 import 语句。

代码清单 3-1 经典的"Hello World!"程序

```
01 package main
02
03 import "fmt"
```
fmt 包提供了完成格式化输出的功能。

```
04
05 func main() {
06     fmt.Println("Hello World!")
07 }
```

获取包的文档 别忘了，可以访问 http://golang.org/pkg/fmt/或者在终端输入 godoc fmt 来了解更多关于 fmt 包的细节。

保存了文件后，可以在$GOPATH/src/hello/目录里执行命令 go build。这条命令执行完后，会生成一个二进制文件。在 UNIX、Linux 和 Mac OS X 系统上，这个文件会命名为 hello，而在 Windows 系统上会命名为 hello.exe。可以执行这个程序，并在控制台上显示 "Hello World!"。

如果把这个包名改为 main 之外的某个名字，如 hello，编译器就认为这只是一个包，而不是命令，如代码清单 3-2 所示。

代码清单 3-2 包含 main 函数的无效的 Go 程序

```
01 package hello
02
03 import "fmt"
04
05 func main(){
06     fmt.Println("Hello, World!")
07 }
```

3.2 导入

我们已经了解如何把代码组织到包里，现在让我们来看看如何导入这些包，以便可以访问包内的代码。import 语句告诉编译器到磁盘的哪里去找想要导入的包。导入包需要使用关键字 import，它会告诉编译器你想引用该位置的包内的代码。如果需要导入多个包，习惯上是将 import 语句包装在一个导入块中，代码清单 3-3 展示了一个例子。

代码清单 3-3 import 声明块

```
import (
    "fmt"
    "strings"
)
```

strings 包提供了很多关于字符串的操作，如查找、替换或者变换。可以通过访问 http://golang.org/pkg/strings/或者在终端运行 godoc strings 来了解更多关于 strings 包的细节。

编译器会使用 Go 环境变量设置的路径，通过引入的相对路径来查找磁盘上的包。标准库中的包会在安装 Go 的位置找到。Go 开发者创建的包会在 GOPATH 环境变量指定的目录里查找。GOPATH 指定的这些目录就是开发者的个人工作空间。

举个例子。如果 Go 安装在/usr/local/go，并且环境变量 GOPATH 设置为/home/myproject:/home/mylibraries，编译器就会按照下面的顺序查找 net/http 包：

```
/usr/local/go/src/pkg/net/http        ←──────┐    这就是标准库源
/home/myproject/src/net/http                       代码所在的位置。
/home/mylibraries/src/net/http
```

一旦编译器找到一个满足 import 语句的包，就停止进一步查找。有一件重要的事需要记住，编译器会首先查找 Go 的安装目录，然后才会按顺序查找 GOPATH 变量里列出的目录。

如果编译器查遍 GOPATH 也没有找到要导入的包，那么在试图对程序执行 run 或者 build 的时候就会出错。本章后面会介绍如何通过 go get 命令来修正这种错误。

3.2.1　远程导入

目前的大势所趋是，使用分布式版本控制系统（Distributed Version Control Systems，DVCS）来分享代码，如 GitHub、Launchpad 还有 Bitbucket。Go 语言的工具链本身就支持从这些网站及类似网站获取源代码。Go 工具链会使用导入路径确定需要获取的代码在网络的什么地方。

例如：

```
import "github.com/spf13/viper"
```

用导入路径编译程序时，go build 命令会使用 GOPATH 的设置，在磁盘上搜索这个包。事实上，这个导入路径代表一个 URL，指向 GitHub 上的代码库。如果路径包含 URL，可以使用 Go 工具链从 DVCS 获取包，并把包的源代码保存在 GOPATH 指向的路径里与 URL 匹配的目录里。这个获取过程使用 go get 命令完成。go get 将获取任意指定的 URL 的包，或者一个已经导入的包所依赖的其他包。由于 go get 的这种递归特性，这个命令会扫描某个包的源码树，获取能找到的所有依赖包。

3.2.2　命名导入

如果要导入的多个包具有相同的名字，会发生什么？例如，既需要 network/convert 包来转换从网络读取的数据，又需要 file/convert 包来转换从文本文件读取的数据时，就会同时导入两个名叫 convert 的包。这种情况下，重名的包可以通过命名导入来导入。命名导入是指，在 import 语句给出的包路径的左侧定义一个名字，将导入的包命名为新名字。

例如，若用户已经使用了标准库里的 fmt 包，现在要导入自己项目里名叫 fmt 的包，就可以通过代码清单 3-4 所示的命名导入方式，在导入时重新命名自己的包。

代码清单 3-4　重命名导入

```
01 package main
02
03 import (
04     "fmt"
05     myfmt "mylib/fmt"
06 )
07
08 func main() {
```

```
09        fmt.Println("Standard Library")
10        myfmt.Println("mylib/fmt")
11 }
```

当你导入了一个不在代码里使用的包时，Go 编译器会编译失败，并输出一个错误。Go 开发团队认为，这个特性可以防止导入了未被使用的包，避免代码变得臃肿。虽然这个特性会让人觉得很烦，但 Go 开发团队仍然花了很大的力气说服自己，决定加入这个特性，用来避免其他编程语言里常常遇到的一些问题，如得到一个塞满未使用库的超大可执行文件。很多语言在这种情况会使用警告做提示，而 Go 开发团队认为，与其让编译器告警，不如直接失败更有意义。每个编译过大型 C 程序的人都知道，在浩如烟海的编译器警告里找到一条有用的信息是多么困难的一件事。这种情况下编译失败会更加明确。

有时，用户可能需要导入一个包，但是不需要引用这个包的标识符。在这种情况下，可以使用空白标识符_来重命名这个导入。我们下节会讲到这个特性的用法。

空白标识符　下划线字符（_）在 Go 语言里称为空白标识符，有很多用法。这个标识符用来抛弃不想继续使用的值，如给导入的包赋予一个空名字，或者忽略函数返回的你不感兴趣的值。

3.3　函数 `init`

每个包可以包含任意多个 init 函数，这些函数都会在程序执行开始的时候被调用。所有被编译器发现的 init 函数都会安排在 main 函数之前执行。init 函数用在设置包、初始化变量或者其他要在程序运行前优先完成的引导工作。

以数据库驱动为例，database 下的驱动在启动时执行 init 函数会将自身注册到 sql 包里，因为 sql 包在编译时并不知道这些驱动的存在，等启动之后 sql 才能调用这些驱动。让我们看看这个过程中 init 函数做了什么，如代码清单 3-5 所示。

代码清单 3-5　`init` 函数的用法

```
01 package postgres
02
03 import (
04     "database/sql"
05 )
06
07 func init() {
08     sql.Register("postgres", new(PostgresDriver))
09 }
```

> 创建一个 postgres 驱动的实例。这里为了展现 init 的作用，没有展现其定义细节。

这段示例代码包含在 PostgreSQL 数据库的驱动里。如果程序导入了这个包，就会调用 init 函数，促使 PostgreSQL 的驱动最终注册到 Go 的 sql 包里，成为一个可用的驱动。

在使用这个新的数据库驱动写程序时，我们使用空白标识符来导入包，以便新的驱动会包含到 sql 包。如前所述，不能导入不使用的包，为此使用空白标识符重命名这个导入可以让 init 函数发现并被调度运行，让编译器不会因为包未被使用而产生错误。

现在我们可以调用 `sql.Open` 方法来使用这个驱动，如代码清单 3-6 所示。

代码清单 3-6　导入时使用空白标识符作为包的别名

```
01 package main
02
03 import (
04     "database/sql"
05
06     _ "github.com/goinaction/code/chapter3/dbdriver/postgres"
07 )
08
09 func main() {
10     sql.Open("postgres", "mydb")
11 }
```

使用空白标识符导入
包，避免编译错误。

调用 sql 包提供的 Open 方法。该方法能
工作的关键在于 postgres 驱动通过自
己的 init 函数将自身注册到了 sql 包。

3.4　使用 Go 的工具

在前几章里，我们已经使用过了 go 这个工具，但我们还没有探讨这个工具都能做哪些事情。让我们进一步深入了解这个短小的命令，看看都有哪些强大的能力。在命令行提示符下，不带参数直接键入 go 这个命令：

```
$ go
```

go 这个工具提供了很多功能，如图 3-1 所示。

```
The commands are:

    build       compile packages and dependencies
    clean       remove object files
    doc         show documentation for package or symbol
    env         print Go environment information
    fix         run go tool fix on packages
    fmt         run gofmt on package sources
    generate    generate Go files by processing source
    get         download and install packages and dependencies
    install     compile and install packages and dependencies
    list        list packages
    run         compile and run Go program
    test        test packages
    tool        run specified go tool
    version     print Go version
    vet         run go tool vet on packages

Use "go help [command]" for more information about a command.

Additional help topics:

    c           calling between Go and C
    buildmode   description of build modes
    filetype    file types
    gopath      GOPATH environment variable
    importpath  import path syntax
    packages    description of package lists
    testflag    description of testing flags
    testfunc    description of testing functions

Use "go help [topic]" for more information about that topic.
```

图 3-1　go 命令输出的帮助文本

通过输出的列表可以看到，这个命令包含一个编译器，这个编译器可以通过 build 命令启动。正如预料的那样，build 和 clean 命令会执行编译和清理的工作。现在使用代码清单 3-2 里的源代码，尝试执行这些命令：

```
go build hello.go
```

当用户将代码签入源码库里的时候，开发人员可能并不想签入编译生成的文件。可以用 clean 命令解决这个问题：

```
go clean hello.go
```

调用 clean 后会删除编译生成的可执行文件。让我们看看 go 工具的其他一些特性，以及使用这些命令时可以节省时间的方法。接下来的例子中，我们会使用代码清单 3-7 中的样例代码。

代码清单 3-7 使用 **io** 包的工作

```
01 package main
02
03 import (
04     "fmt"
05     "io/ioutil"
06     "os"
07
08     "github.com/goinaction/code/chapter3/words"
09 )
10
11 // main 是应用程序的入口
12 func main() {
13     filename := os.Args[1]
14
15     contents, err := ioutil.ReadFile(filename)
16     if err != nil {
17         fmt.Println(err)
18         return
19     }
20
21     text := string(contents)
22
23     count := words.CountWords(text)
24     fmt.Printf("There are %d words in your text. \n", count)
25 }
```

如果已经下载了本书的源代码，应该可以在$GOPATH/src/github.com/goinaction/code/chapter3/words 找到这个包。确保已经有了这段代码再进行后面的内容。

大部分 Go 工具的命令都会接受一个包名作为参数。回顾一下已经用过的命令，会想起 build 命令可以简写。在不包含文件名时，go 工具会默认使用当前目录来编译。

```
go build
```

因为构建包是很常用的动作，所以也可以直接指定包：

```
go build github.com/goinaction/code/chapter3/wordcount
```

也可以在指定包的时候使用通配符。3 个点表示匹配所有的字符串。例如，下面的命令会编译 chapter3 目录下的所有包：

```
go build github.com/goinaction/code/chapter3/...
```

除了指定包，大部分 Go 命令使用短路径作为参数。例如，下面两条命令的效果相同：

```
go build wordcount.go

go build .
```

要执行程序，需要首先编译，然后执行编译创建的 wordcount 或者 wordcount.exe 程序。不过这里有一个命令可以在一次调用中完成这两个操作：

```
go run wordcount.go
```

go run 命令会先构建 wordcount.go 里包含的程序，然后执行构建后的程序。这样可以节省好多录入工作量。

做开发会经常使用 go build 和 go run 命令。让我们看另外几个可用的命令，以及这些命令可以做什么。

3.5　进一步介绍 Go 开发工具

我们已经学到如何用 go 这个通用工具进行编译和执行。但这个好用的工具还有很多其他没有介绍的诀窍。

3.5.1　go vet

这个命令不会帮开发人员写代码，但如果开发人员已经写了一些代码，vet 命令会帮开发人员检测代码的常见错误。让我们看看 vet 捕获哪些类型的错误。

- Printf 类函数调用时，类型匹配错误的参数。
- 定义常用的方法时，方法签名的错误。
- 错误的结构标签。
- 没有指定字段名的结构字面量。

让我们看看许多 Go 开发新手经常犯的一个错误。fmt.Printf 函数常用来产生格式化输出，不过这个函数要求开发人员记住所有不同的格式化说明符。代码清单 3-8 中给出的就是一个例子。

代码清单 3-8　使用 go vet

```
01 package main
02
03 import "fmt"
04
```

```
05 func main() {
06     fmt.Printf("The quick brown fox jumped over lazy dogs", 3.14)
07 }
```

这个程序要输出一个浮点数 3.14，但是在格式化字符串里并没有对应的格式化参数。如果对这段代码执行 go vet，会得到如下消息：

```
go vet main.go
```

```
main.go:6: no formatting directive in Printf call
```

go vet 工具不能让开发者避免严重的逻辑错误，或者避免编写充满小错的代码。不过，正像刚才的实例中展示的那样，这个工具可以很好地捕获一部分常见错误。每次对代码先执行 go vet 再将其签入源代码库是一个很好的习惯。

3.5.2　Go 代码格式化

fmt 是 Go 语言社区很喜欢的一个命令。fmt 工具会将开发人员的代码布局成和 Go 源代码类似的风格，不用再为了大括号是不是要放到行尾，或者用 tab（制表符）还是空格来做缩进而争论不休。使用 go fmt 后面跟文件名或者包名，就可以调用这个代码格式化工具。fmt 命令会自动格式化开发人员指定的源代码文件并保存。下面是一个代码执行 go fmt 前和执行 go fmt 后几行代码的对比：

```
if err != nil { return err }
```

在对这段代码执行 go fmt 后，会得到：

```
if err != nil {
    return err
}
```

很多 Go 开发人员会配置他们的开发环境，在保存文件或者提交到代码库前执行 go fmt。如果读者喜欢这个命令，也可以这样做。

3.5.3　Go 语言的文档

还有另外一个工具能让 Go 开发过程变简单。Go 语言有两种方法为开发者生成文档。如果开发人员使用命令行提示符工作，可以在终端上直接使用 go doc 命令来打印文档。无需离开终端，即可快速浏览命令或者包的帮助。不过，如果开发人员认为一个浏览器界面会更有效率，可以使用 godoc 程序来启动一个 Web 服务器，通过点击的方式来查看 Go 语言的包的文档。Web 服务器 godoc 能让开发人员以网页的方式浏览自己的系统里的所有 Go 语言源代码的文档。

1. 从命令行获取文档

对那种总会打开一个终端和一个文本编辑器（或者在终端内打开文本编辑器）的开发人员来

说，go doc 是很好的选择。假设要用 Go 语言第一次开发读取 UNIX tar 文件的应用程序，想要看看 archive/tar 包的相关文档，就可以输入：

```
go doc tar
```

执行这个命令会直接在终端产生如下输出：

```
PACKAGE DOCUMENTATION

package tar // import "archive/tar"

Package tar implements access to tar archives. It aims to cover most of the
variations, including those produced by GNU and BSD tars.

References:

    http://www.freebsd.org/cgi/man.cgi?query=tar&sektion=5
    http://www.gnu.org/software/tar/manual/html_node/Standard.html
    http://pubs.opengroup.org/onlinepubs/9699919799/utilities/pax.html
var ErrWriteTooLong = errors.New("archive/tar: write too long") ...
var ErrHeader = errors.New("archive/tar: invalid tar header")
func FileInfoHeader(fi os.FileInfo, link string) (*Header, error)
func NewReader(r io.Reader) *Reader
func NewWriter(w io.Writer) *Writer
type Header struct { ... }
type Reader struct { ... }
type Writer struct { ... }
```

开发人员无需离开终端即可直接翻看文档，找到自己需要的部分。

2. 浏览文档

Go 语言的文档也提供了浏览器版本。有时候，通过跳转到文档，查阅相关的细节，能更容易理解整个包或者某个函数。在这种情况下，会想使用 godoc 作为 Web 服务器。如果想通过 Web 浏览器查看可以点击跳转的文档，下面就是得到这种文档的好方式。

开发人员启动自己的文档服务器，只需要在终端会话中输入如下命令：

```
godoc -http=:6060
```

这个命令通知 godoc 在端口 6060 启动 Web 服务器。如果浏览器已经打开，导航到 http://localhost:6060 可以看到一个页面，包含所有 Go 标准库和你的 GOPATH 下的 Go 源代码的文档。

如果图 3-2 显示的文档对开发人员来说很熟悉，并不奇怪，因为 Go 官网就是通过一个略微修改过的 godoc 来提供文档服务的。要进入某个特定包的文档，只需要点击页面顶端的 Packages。

Go 文档工具最棒的地方在于，它也支持开发人员自己写的代码。如果开发人员遵从一个简单的规则来写代码，这些代码就会自动包含在 godoc 生成的文档里。

为了在 godoc 生成的文档里包含自己的代码文档，开发人员需要用下面的规则来写代码和注释。我们不会在本章介绍所有的规则，只会提一些重要的规则。

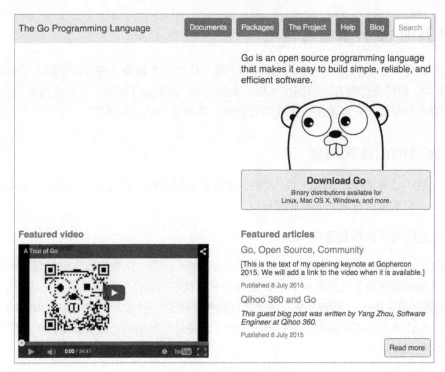

图 3-2　本地 Go 文档

　　用户需要在标识符之前，把自己想要的文档作为注释加入到代码中。这个规则对包、函数、类型和全局变量都适用。注释可以以双斜线开头，也可以用斜线和星号风格。

```
// Retrieve 连接到配置库，收集各种链接设置、用户名和密码。这个函数在成功时
// 返回 config 结构，否则返回一个错误
func Retrieve() (config, error) {
    // ... 省略
}
```

　　在这个例子里，我们展示了在 Go 语言里为一个函数写文档的惯用方法。函数的文档直接写在函数声明之前，使用人类可读的句子编写。如果想给包写一段文字量比较大的文档，可以在工程里包含一个叫作 doc.go 的文件，使用同样的包名，并把包的介绍使用注释加在包名声明之前。

```
/*
    包 usb 提供了用于调用 USB 设备的类型和函数。想要与 USB 设备创建一个新链接，使用 NewConnection
    ...
*/
package usb
```

　　这段关于包的文档会显示在所有类型和函数文档之前。这个例子也展示了如何使用斜线和星号做注释。可以在 Google 上搜索 golang documentation 来查找更多关于如何给代码创建一个好文档的内容。

3.6　与其他 Go 开发者合作

现代开发者不会一个人单打独斗，而 Go 工具也认可这个趋势，并为合作提供了支持。多亏了 go 工具链，包的概念没有被限制在本地开发环境中，而是做了扩展，从而支持现代合作方式。让我们看看在分布式开发环境里，想要良好合作，需要遵守的一些惯例。

以分享为目的创建代码库

开发人员一旦写了些非常棒的 Go 代码，就会很想把这些代码与 Go 社区的其他人分享。这其实很容易，只需要执行下面的步骤就可以。

1. 包应该在代码库的根目录中

使用 go get 的时候，开发人员指定了要导入包的全路径。这意味着在创建想要分享的代码库的时候，包名应该就是代码库的名字，而且包的源代码应该位于代码库目录结构的根目录。

Go 语言新手常犯的一个错误是，在公用代码库里创建一个名为 code 或者 src 的目录。如果这么做，会让导入公用库的语句变得很长。为了避免过长的语句，只需要把包的源文件放在公用代码库的根目录就好。

2. 包可以非常小

与其他语言相比，Go 语言的包一般相对较小。不要在意包只支持几个 API，或者只完成一项任务。在 Go 语言里，这样的包很常见，而且很受欢迎。

3. 对代码执行 go fmt

和其他开源代码库一样，人们在试用代码前会通过源代码来判断代码的质量。开发人员需要在签入代码前执行 go fmt，这样能让自己的代码可读性更好，而且不会由于一些字符的干扰（如制表符），在不同人的计算机上代码显示的效果不一样。

4. 给代码写文档

Go 开发者用 godoc 来阅读文档，并且会用 http://godoc.org 这个网站来阅读开源包的文档。如果按照 go doc 的最佳实践来给代码写文档，包的文档在本地和线上都会很好看，更容易被别人发现。

3.7　依赖管理

从 Go 1.0 发布那天起，社区做了很多努力，提供各种 Go 工具，以便开发人员的工作更轻松。有很多工具专注在如何管理包的依赖关系。现在最流行的依赖管理工具是 Keith Rarik 写的 godep、

Daniel Theophanes 写的 vendor 和 Gustavo Niemeyer 开发的 gopkg.in 工具。gopkg.in 能帮助开发人员发布自己的包的多个版本。

　　作为对社区的回应，Go 语言在 1.5 版本开始试验性提供一组新的构建选项和功能，来为依赖管理提供更好的工具支持。尽管我们还需要等一段时间才能确认这些新特性是否能达成目的，但毕竟现在已经有一些工具以可重复使用的方式提供了管理、构建和测试 Go 代码的能力。

3.7.1　第三方依赖

　　像 godep 和 vender 这种社区工具已经使用第三方（verdoring）导入路径重写这种特性解决了依赖问题。其思想是把所有的依赖包复制到工程代码库中的目录里，然后使用工程内部的依赖包所在目录来重写所有的导入路径。

　　代码清单 3-9 展示的是使用 godep 来管理工程里第三方依赖时的一个典型的源代码树。

代码清单 3-9　使用 godep 的工程

```
$GOPATH/src/github.com/ardanstudios/myproject
    |-- Godeps
    |   |-- Godeps.json
    |   |-- Readme
    |   |-- _workspace
    |       |-- src
    |           |-- bitbucket.org
    |           |-- ww
    |           |   |-- goautoneg
    |           |       |-- Makefile
    |           |       |-- README.txt
    |           |       |-- autoneg.go
    |           |       |-- autoneg_test.go
    |           |-- github.com
    |               |-- beorn7
    |                   |-- perks
    |                       |-- README.md
    |                       |-- quantile
    |                           |-- bench_test.go
    |                           |-- example_test.go
    |                           |-- exampledata.txt
    |                           |-- stream.go
    |
    |-- examples
    |-- model
    |-- README.md
    |-- main.go
```

可以看到 godep 创建了一个叫作 Godeps 的目录。由这个工具管理的依赖的源代码被放在一个叫作 _workspace/src 的目录里。

　　接下来，如果看一下在 main.go 里声明这些依赖的 import 语句（如代码清单 3-10 和代码清单 3-11 所示），就能发现需要改动的地方。

代码清单 3-10 在路径重写之前

```
01 package main
02
03 import (
04     "bitbucket.org/ww/goautoneg"
05     "github.com/beorn7/perks"
06 )
```

代码清单 3-11 在路径重写之后

```
01 package main
02
03 import (
04     "github.ardanstudios.com/myproject/Godeps/_workspace/src/
                                    bitbucket.org/ww/goautoneg"
05     "github.ardanstudios.com/myproject/Godeps/_workspace/src/
                                    github.com/beorn7/perks"
06 )
```

在路径重写之前，import 语句使用的是包的正常路径。包对应的代码存放在 GOPATH 所指定的磁盘目录里。在依赖管理之后，导入路径需要重写成工程内部依赖包的路径。可以看到这些导入路径非常长，不易于使用。

引入依赖管理将所有构建时依赖的源代码都导入到一个单独的工程代码库里，可以更容易地重新构建工程。使用导入路径重写管理依赖包的另外一个好处是这个工程依旧支持通过 go get 获取代码库。当获取这个工程的代码库时，go get 可以找到每个包，并将其保存到工程里正确的目录中。

3.7.2 对 gb 的介绍

gb 是一个由 Go 社区成员开发的全新的构建工具。gb 意识到，不一定要包装 Go 本身的工具，也可以使用其他方法来解决可重复构建的问题。

gb 背后的原理源自理解到 Go 语言的 import 语句并没有提供可重复构建的能力。import 语句可以驱动 go get，但是 import 本身并没有包含足够的信息来决定到底要获取包的哪个修改的版本。go get 无法定位待获取代码的问题，导致 Go 工具在解决重复构建时，不得不使用复杂且难看的方法。我们已经看到过使用 godep 时超长的导入路径是多么难看。

gb 的创建源于上述理解。gb 既不包装 Go 工具链，也不使用 GOPATH。gb 基于工程将 Go 工具链工作空间的元信息做替换。这种依赖管理的方法不需要重写工程内代码的导入路径。而且导入路径依旧通过 go get 和 GOPATH 工作空间来管理。

让我们看看上一节的工程如何转换为 gb 工程，如代码清单 3-12 所示。

代码清单 3-12 gb 工程的例子

```
/home/bill/devel/myproject ($PROJECT)
|-- src
```

```
|    |-- cmd
|    |    |-- myproject
|    |    |    |-- main.go
|    |-- examples
|    |-- model
|    |-- README.md
|-- vendor
    |-- src
        |-- bitbucket.org
        |    |-- ww
        |         |-- goautoneg
        |         |-- Makefile
        |         |-- README.txt
        |         |-- autoneg.go
        |         |-- autoneg_test.go
        |-- github.com
            |-- beorn7
                |-- perks
                |-- README.md
                |-- quantile
                |-- bench_test.go
        |-- example_test.go
        |-- exampledata.txt
        |-- stream.go
```

一个 gb 工程就是磁盘上一个包含 src/子目录的目录。符号$PROJECT 导入了工程的根目录中，其下有一个 src/的子目录中。这个符号只是一个简写，用来描述工程在磁盘上的位置。$PROJECT 不是必须设置的环境变量。事实上，gb 根本不需要设置任何环境变量。

gb 工程会区分开发人员写的代码和开发人员需要依赖的代码。开发人员的代码所依赖的代码被称作第三方代码（vendored code）。gb 工程会明确区分开发人员的代码和第三方代码，如代码清单 3-13 和代码清单 3-14 所示。

代码清单 3-13　工程中存放开发人员写的代码的位置

```
$PROJECT/src/
```

代码清单 3-14　存放第三方代码的位置

```
$PROJECT/vendor/src/
```

gb 一个最好的特点是，不需要重写导入路径。可以看看这个工程里的 main.go 文件的 import 语句——没有任何需要为导入第三方库而做的修改，如代码清单 3-15 所示。

代码清单 3-15　gb 工程的导入路径

```
01 package main
02
03 import (
04     "bitbucket.org/ww/goautoneg"
05     "github.com/beorn7/perks"
06 )
```

　　gb 工具首先会在$PROJECT/src/目录中查找代码，如果找不到，会在$PROJECT/vendor/src/目录里查找。与工程相关的整个源代码都会在同一个代码库里。自己写的代码在工程目录的 src/目录中，第三方依赖代码在工程目录的 vendor/src 子目录中。这样，不需要配合重写导入路径也可以完成整个构建过程，同时可以把整个工程放到磁盘的任意位置。这些特点，让 gb 成为社区里解决可重复构建的流行工具。

　　还需要提一点：gb 工程与 Go 官方工具链（包括 go get）并不兼容。因为 gb 不需要设置 GOPATH，而 Go 工具链无法理解 gb 工程的目录结构，所以无法用 Go 工具链构建、测试或者获取代码。构建（如代码清单 3-16 所示）和测试 gb 工程需要先进入$PROJECT 目录，并使用 gb 工具。

代码清单 3-16　构建 gb 工程

```
gb build all
```

　　很多 Go 工具支持的特性，gb 都提供对应的特性。gb 还提供了插件系统，可以让社区扩展支持的功能。其中一个插件叫作 vendor。这个插件可以方便地管理$PROJECT/vendor/src/目录里的依赖关系，而这个功能 Go 工具链至今没有提供。想了解更多 gb 的特性，可以访问这个网站：getgb.io。

3.8　小结

- 在 Go 语言中包是组织代码的基本单位。
- 环境变量 GOPATH 决定了 Go 源代码在磁盘上被保存、编译和安装的位置。
- 可以为每个工程设置不同的 GOPATH，以保持源代码和依赖的隔离。
- go 工具是在命令行上工作的最好工具。
- 开发人员可以使用 go get 来获取别人的包并将其安装到自己的 GOPATH 指定的目录。
- 想要为别人创建包很简单，只要把源代码放到公用代码库，并遵守一些简单规则就可以了。
- Go 语言在设计时将分享代码作为语言的核心特性和驱动力。
- 推荐使用依赖管理工具来管理依赖。
- 有很多社区开发的依赖管理工具，如 godep、vendor 和 gb。

第 4 章　数组、切片和映射

本章主要内容
- 数组的内部实现和基础功能
- 使用切片管理数据集合
- 使用映射管理键值对

很难遇到要编写一个不需要存储和读取集合数据的程序的情况。如果使用数据库或者文件，或者访问网络，总需要一种方法来处理接收和发送的数据。Go 语言有 3 种数据结构可以让用户管理集合数据：数组、切片和映射。这 3 种数据结构是语言核心的一部分，在标准库里被广泛使用。一旦学会如何使用这些数据结构，用 Go 语言编写程序会变得快速、有趣且十分灵活。

4.1　数组的内部实现和基础功能

了解这些数据结构，一般会从数组开始，因为数组是切片和映射的基础数据结构。理解了数组的工作原理，有助于理解切片和映射提供的优雅和强大的功能。

4.1.1　内部实现

在 Go 语言里，数组是一个长度固定的数据类型，用于存储一段具有相同的类型的元素的连续块。数组存储的类型可以是内置类型，如整型或者字符串，也可以是某种结构类型。

在图 4-1 中可以看到数组的表示。灰色格子代表数组里的元素，每个元素都紧邻另一个元素。每个元素包含相同的类型，这个例子里是整数，并且每个元素可以用一个唯一的索引（也称下标或标号）来访问。

数组是一种非常有用的数据结构，因为其占用的内存是连续分配的。由于内存连续，CPU 能把正在使用的数据缓存更久的时间。而且内存连续很容易计算索引，可以快速迭代数组里的所有元素。数组的类型信息可以提供每次访问一个元素时需要在内存中移动的距离。既然数组的每个元素类型相同，又是连续分配，就可以以固定速度索引数组中的任意数据，速度非常快。

图 4-1   数组的内部实现

4.1.2   声明和初始化

声明数组时需要指定内部存储的数据的类型，以及需要存储的元素的数量，这个数量也称为数组的长度，如代码清单 4-1 所示。

代码清单 4-1   声明一个数组，并设置为零值

```
// 声明一个包含 5 个元素的整型数组
var array [5]int
```

一旦声明，数组里存储的数据类型和数组长度就都不能改变了。如果需要存储更多的元素，就需要先创建一个更长的数组，再把原来数组里的值复制到新数组里。

在 Go 语言中声明变量时，总会使用对应类型的零值来对变量进行初始化。数组也不例外。当数组初始化时，数组内每个元素都初始化为对应类型的零值。在图 4-2 里，可以看到整型数组里的每个元素都初始化为 0，也就是整型的零值。

图 4-2   声明数组变量后数组的值

一种快速创建数组并初始化的方式是使用数组字面量。数组字面量允许声明数组里元素的数量同时指定每个元素的值，如代码清单 4-2 所示。

代码清单 4-2   使用数组字面量声明数组

```
// 声明一个包含 5 个元素的整型数组
// 用具体值初始化每个元素
array := [5]int{10, 20, 30, 40, 50}
```

如果使用...替代数组的长度，Go 语言会根据初始化时数组元素的数量来确定该数组的长度，如代码清单 4-3 所示。

代码清单 4-3   让 Go 自动计算声明数组的长度

```
// 声明一个整型数组
// 用具体值初始化每个元素
```

```
// 容量由初始化值的数量决定
array := [...]int{10, 20, 30, 40, 50}
```

如果知道数组的长度而且准备给每个值都指定具体值，就可以使用代码清单 4-4 所示的这种语法。

代码清单 4-4　声明数组并指定特定元素的值

```
// 声明一个有 5 个元素的数组
// 用具体值初始化索引为 1 和 2 的元素
// 其余元素保持零值
array := [5]int{1: 10, 2: 20}
```

代码清单 4-4 中声明的数组在声明和初始化后，会和图 4-3 所展现的一样。

[0]
[1]
[2]
[3]
[4]
0 整数
10 整数
20 整数
0 整数
0 整数

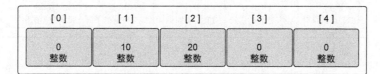

图 4-3　声明之后数组的值

4.1.3　使用数组

正像之前提到的，因为内存布局是连续的，所以数组是效率很高的数据结构。在访问数组里任意元素的时候，这种高效都是数组的优势。要访问数组里某个单独元素，使用[]运算符，如代码清单 4-5 所示。

代码清单 4-5　访问数组元素

```
// 声明一个包含 5 个元素的整型数组
// 用具体值初始为每个元素
array := [5]int{10, 20, 30, 40, 50}

// 修改索引为 2 的元素的值
array[2] = 35
```

代码清单 4-5 中声明的数组的值在操作完成后，会和图 4-4 所展现的一样。

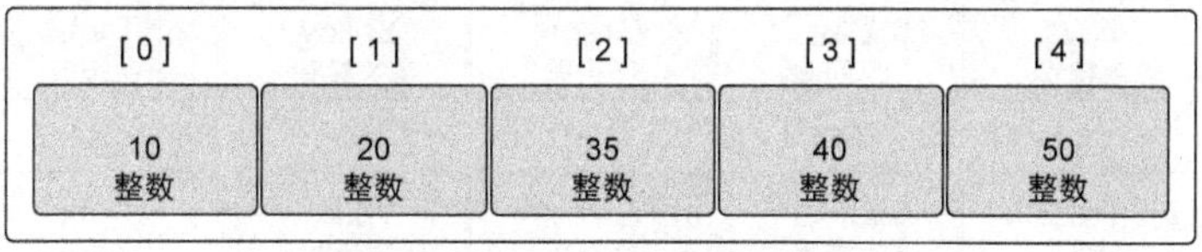

[0]
[1]
[2]
[3]
[4]
10 整数
20 整数
35 整数
40 整数
50 整数

图 4-4　修改索引为 2 的值之后数组的值

可以像第 2 章一样，声明一个所有元素都是指针的数组。使用*运算符就可以访问元素指针所指向的值，如代码清单 4-6 所示。

代码清单 4-6 访问指针数组的元素

```
// 声明包含 5 个元素的指向整数的数组
// 用整型指针初始化索引为 0 和 1 的数组元素
array := [5]*int{0: new(int), 1: new(int)}

// 为索引为 0 和 1 的元素赋值
*array[0] = 10
*array[1] = 20
```

代码清单 4-6 中声明的数组的值在操作完毕后，会和图 4-5 所展现的一样。

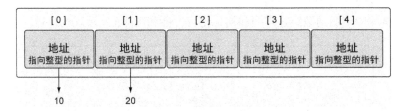

图 4-5 指向整数的指针数组

在 Go 语言里，数组是一个值。这意味着数组可以用在赋值操作中。变量名代表整个数组，因此，同样类型的数组可以赋值给另一个数组，如代码清单 4-7 所示。

代码清单 4-7 把同样类型的一个数组赋值给另外一个数组

```
// 声明第一个包含 5 个元素的字符串数组
var array1 [5]string

// 声明第二个包含 5 个元素的字符串数组
// 用颜色初始化数组
array2 := [5]string{"Red", "Blue", "Green", "Yellow", "Pink"}

// 把 array2 的值复制到 array1
array1 = array2
```

复制之后，两个数组的值完全一样，如图 4-6 所示。

[0]	[1]	[2]	[3]	[4]
Red 字符串	Blue 字符串	Green 字符串	Yellow 字符串	Pink 字符串
[0]	[1]	[2]	[3]	[4]
Red 字符串	Blue 字符串	Green 字符串	Yellow 字符串	Pink 字符串

图 4-6 复制之后的两个数组

数组变量的类型包括数组长度和每个元素的类型。只有这两部分都相同的数组，才是类型相同的数组，才能互相赋值，如代码清单 4-8 所示。

代码清单 4-8 编译器会阻止类型不同的数组互相赋值

```
// 声明第一个包含 4 个元素的字符串数组
var array1 [4]string

// 声明第二个包含 5 个元素的字符串数组
// 使用颜色初始化数组
array2 := [5]string{"Red", "Blue", "Green", "Yellow", "Pink"}

// 将 array2 复制给 array1
array1 = array2

Compiler Error:
cannot use array2 (type [5]string) as type [4]string in assignment
```

复制指针数组，只会复制指针的值，而不会复制指针所指向的值，如代码清单 4-9 所示。

代码清单 4-9 把一个指针数组赋值给另一个

```
// 声明第一个包含 3 个元素的指向字符串的指针数组
var array1 [3]*string

// 声明第二个包含 3 个元素的指向字符串的指针数组
// 使用字符串指针初始化这个数组
array2 := [3]*string{new(string), new(string), new(string)}

// 使用颜色为每个元素赋值
*array2[0] = "Red"
*array2[1] = "Blue"
*array2[2] = "Green"

// 将 array2 复制给 array1
array1 = array2
```

复制之后，两个数组指向同一组字符串，如图 4-7 所示。

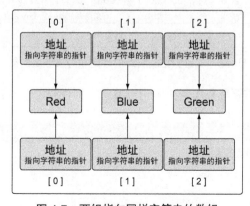

图 4-7 两组指向同样字符串的数组

4.1.4　多维数组

数组本身只有一个维度，不过可以组合多个数组创建多维数组。多维数组很容易管理具有父子关系的数据或者与坐标系相关联的数据。声明二维数组的示例如代码清单 4-10 所示。

代码清单 4-10　声明二维数组

```
// 声明一个二维整型数组，两个维度分别存储 4 个元素和 2 个元素
var array [4][2]int

// 使用数组字面量来声明并初始化一个二维整型数组
array := [4][2]int{{10, 11}, {20, 21}, {30, 31}, {40, 41}}

// 声明并初始化外层数组中索引为 1 和 3 的元素
array := [4][2]int{1: {20, 21}, 3: {40, 41}}

// 声明并初始化外层数组和内层数组的单个元素
array := [4][2]int{1: {0: 20}, 3: {1: 41}}
```

图 4-8 展示了代码清单 4-10 中声明的二维数组在每次声明并初始化后包含的值。

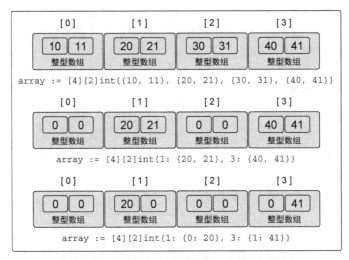

图 4-8　二维数组及其外层数组和内层数组的值

为了访问单个元素，需要反复组合使用 [] 运算符，如代码清单 4-11 所示。

代码清单 4-11　访问二维数组的元素

```
// 声明一个 2×2 的二维整型数组
var array [2][2]int

// 设置每个元素的整型值
array[0][0] = 10
```

```
array[0][1] = 20
array[1][0] = 30
array[1][1] = 40
```

只要类型一致，就可以将多维数组互相赋值，如代码清单 4-12 所示。多维数组的类型包括每一维度的长度以及最终存储在元素中的数据的类型。

代码清单 4-12　同样类型的多维数组赋值

```
// 声明两个不同的二维整型数组
var array1 [2][2]int
var array2 [2][2]int

// 为每个元素赋值
array2[0][0] = 10
array2[0][1] = 20
array2[1][0] = 30
array2[1][1] = 40

// 将 array2 的值复制给 array1
array1 = array2
```

因为每个数组都是一个值，所以可以独立复制某个维度，如代码清单 4-13 所示。

代码清单 4-13　使用索引为多维数组赋值

```
// 将 array1 的索引为 1 的维度复制到一个同类型的新数组里
var array3 [2]int = array1[1]

// 将外层数组的索引为 1、内层数组的索引为 0 的整型值复制到新的整型变量里
var value int = array1[1][0]
```

4.1.5　在函数间传递数组

根据内存和性能来看，在函数间传递数组是一个开销很大的操作。在函数之间传递变量时，总是以值的方式传递的。如果这个变量是一个数组，意味着整个数组，不管有多长，都会完整复制，并传递给函数。

为了考察这个操作，我们来创建一个包含 100 万个 int 类型元素的数组。在 64 位架构上，这将需要 800 万字节，即 8 MB 的内存。如果声明了这种大小的数组，并将其传递给函数，会发生什么呢？如代码清单 4-14 所示。

代码清单 4-14　使用值传递，在函数间传递大数组

```
// 声明一个需要 8 MB 的数组
var array [1e6]int

// 将数组传递给函数 foo
foo(array)
```

```
// 函数 foo 接受一个 100 万个整型值的数组
func foo(array [1e6]int) {
    ...
}
```

每次函数 foo 被调用时，必须在栈上分配 8 MB 的内存。之后，整个数组的值（8 MB 的内存）被复制到刚分配的内存里。虽然 Go 语言自己会处理这个复制操作，不过还有一种更好且更有效的方法来处理这个操作。可以只传入指向数组的指针，这样只需要复制 8 字节的数据而不是 8 MB 的内存数据到栈上，如代码清单 4-15 所示。

代码清单 4-15   使用指针在函数间传递大数组

```
// 分配一个需要 8 MB 的数组
var array [1e6]int

// 将数组的地址传递给函数 foo
foo(&array)

// 函数 foo 接受一个指向 100 万个整型值的数组的指针
func foo(array *[1e6]int) {
    ...
}
```

这次函数 foo 接受一个指向 100 万个整型值的数组的指针。现在将数组的地址传入函数，只需要在栈上分配 8 字节的内存给指针就可以。

这个操作会更有效地利用内存，性能也更好。不过要意识到，因为现在传递的是指针，所以如果改变指针指向的值，会改变共享的内存。如你所见，使用切片能更好地处理这类共享问题。

4.2   切片的内部实现和基础功能

切片是一种数据结构，这种数据结构便于使用和管理数据集合。切片是围绕动态数组的概念构建的，可以按需自动增长和缩小。切片的动态增长是通过内置函数 append 来实现的。这个函数可以快速且高效地增长切片。还可以通过对切片再次切片来缩小一个切片的大小。因为切片的底层内存也是在连续块中分配的，所以切片还能获得索引、迭代以及为垃圾回收优化的好处。

4.2.1   内部实现

切片是一个很小的对象，对底层数组进行了抽象，并提供相关的操作方法。切片有 3 个字段的数据结构，这些数据结构包含 Go 语言需要操作底层数组的元数据（见图 4-9）。

这 3 个字段分别是指向底层数组的指针、切片访问的元素的个数（即长度）和切片允许增长到的元素个数（即容量）。后面会进一步讲解长度和容量的区别。

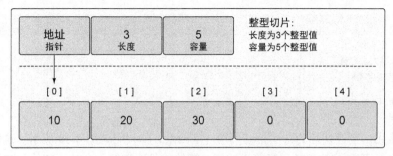

图 4-9　切片内部实现：底层数组

4.2.2　创建和初始化

　　Go 语言中有几种方法可以创建和初始化切片。是否能提前知道切片需要的容量通常会决定要如何创建切片。

1．make 和切片字面量

　　一种创建切片的方法是使用内置的 make 函数。当使用 make 时，需要传入一个参数，指定切片的长度，如代码清单 4-16 所示。

代码清单 4-16　使用长度声明一个字符串切片

```
// 创建一个字符串切片
// 其长度和容量都是 5 个元素
slice := make([]string, 5)
```

　　如果只指定长度，那么切片的容量和长度相等。也可以分别指定长度和容量，如代码清单 4-17 所示。

代码清单 4-17　使用长度和容量声明整型切片

```
// 创建一个整型切片
// 其长度为 3 个元素，容量为 5 个元素
slice := make([]int, 3, 5)
```

　　分别指定长度和容量时，创建的切片，底层数组的长度是指定的容量，但是初始化后并不能访问所有的数组元素。图 4-9 描述了代码清单 4-17 里声明的整型切片在初始化并存入一些值后的样子。

　　代码清单 4-17 中的切片可以访问 3 个元素，而底层数组拥有 5 个元素。剩余的 2 个元素可以在后期操作中合并到切片，可以通过切片访问这些元素。如果基于这个切片创建新的切片，新切片会和原有切片共享底层数组，也能通过后期操作来访问多余容量的元素。

　　不允许创建容量小于长度的切片，如代码清单 4-18 所示。

代码清单 4-18　容量小于长度的切片会在编译时报错

```
// 创建一个整型切片
// 使其长度大于容量
slice := make([]int, 5, 3)

Compiler Error:
len larger than cap in make([]int)
```

另一种常用的创建切片的方法是使用切片字面量，如代码清单 4-19 所示。这种方法和创建数组类似，只是不需要指定[]运算符里的值。初始的长度和容量会基于初始化时提供的元素的个数确定。

代码清单 4-19　通过切片字面量来声明切片

```
// 创建字符串切片
// 其长度和容量都是 5 个元素
slice := []string{"Red", "Blue", "Green", "Yellow", "Pink"}

// 创建一个整型切片
// 其长度和容量都是 3 个元素
slice := []int{10, 20, 30}
```

当使用切片字面量时，可以设置初始长度和容量。要做的就是在初始化时给出所需的长度和容量作为索引。代码清单 4-20 中的语法展示了如何创建长度和容量都是 100 个元素的切片。

代码清单 4-20　使用索引声明切片

```
// 创建字符串切片
// 使用空字符串初始化第 100 个元素
slice := []string{99: ""}
```

记住，如果在[]运算符里指定了一个值，那么创建的就是数组而不是切片。只有不指定值的时候，才会创建切片，如代码清单 4-21 所示。

代码清单 4-21　声明数组和声明切片的不同

```
// 创建有 3 个元素的整型数组
array := [3]int{10, 20, 30}

// 创建长度和容量都是 3 的整型切片
slice := []int{10, 20, 30}
```

2. nil 和空切片

有时，程序可能需要声明一个值为 nil 的切片（也称 nil 切片）。只要在声明时不做任何初始化，就会创建一个 nil 切片，如代码清单 4-22 所示。

代码清单 4-22　创建 nil 切片

```
// 创建 nil 整型切片
var slice []int
```

在 Go 语言里，nil 切片是很常见的创建切片的方法。nil 切片可以用于很多标准库和内置函数。在需要描述一个不存在的切片时，nil 切片会很好用。例如，函数要求返回一个切片但是发生异常的时候（见图 4-10）。

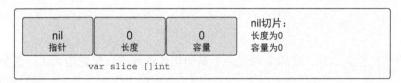

图 4-10　nil 切片的表示

利用初始化，通过声明一个切片可以创建一个空切片，如代码清单 4-23 所示。

代码清单 4-23　声明空切片

```
// 使用 make 创建空的整型切片
slice := make([]int, 0)

// 使用切片字面量创建空的整型切片
slice := []int{}
```

空切片在底层数组包含 0 个元素，也没有分配任何存储空间。想表示空集合时空切片很有用，例如，数据库查询返回 0 个查询结果时（见图 4-11）。

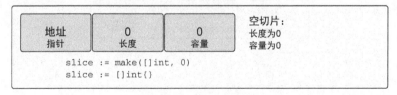

图 4-11　空切片的表示

不管是使用 nil 切片还是空切片，对其调用内置函数 append、len 和 cap 的效果都是一样的。

4.2.3　使用切片

现在知道了什么是切片，也知道如何创建切片，来看看如何在程序里使用切片。

1．赋值和切片

　　对切片里某个索引指向的元素赋值和对数组里某个索引指向的元素赋值的方法完全一样。使用 [] 操作符就可以改变某个元素的值，如代码清单 4-24 所示。

代码清单 4-24　使用切片字面量来声明切片

```
// 创建一个整型切片
// 其容量和长度都是 5 个元素
slice := []int{10, 20, 30, 40, 50}

// 改变索引为 1 的元素的值
slice[1] = 25
```

　　切片之所以被称为切片，是因为创建一个新的切片就是把底层数组切出一部分，如代码清单 4-25 所示。

代码清单 4-25　使用切片创建切片

```
// 创建一个整型切片
// 其长度和容量都是 5 个元素
slice := []int{10, 20, 30, 40, 50}

// 创建一个新切片
// 其长度为 2 个元素，容量为 4 个元素
newSlice := slice[1:3]
```

　　执行完代码清单 4-25 中的切片动作后，我们有了两个切片，它们共享同一段底层数组，但通过不同的切片会看到底层数组的不同部分（见图 4-12）。

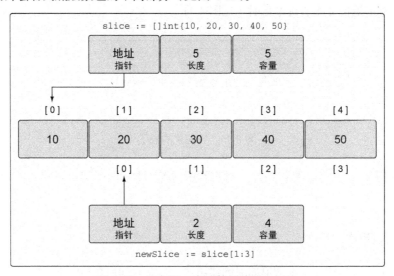

图 4-12　共享同一底层数组的两个切片

第一个切片 slice 能够看到底层数组全部 5 个元素的容量，不过之后的 newSlice 就看不到。对于 newSlice，底层数组的容量只有 4 个元素。newSlice 无法访问到它所指向的底层数组的第一个元素之前的部分。所以，对 newSlice 来说，之前的那些元素就是不存在的。

使用代码清单 4-26 所示的公式，可以计算出任意切片的长度和容量。

代码清单 4-26　如何计算长度和容量

对底层数组容量是 k 的切片 slice[i:j] 来说

长度：j - i
容量：k - i

对 newSlice 应用这个公式就能得到代码清单 4-27 所示的数字。

代码清单 4-27　计算新的长度和容量

对底层数组容量是 5 的切片 slice[1:3] 来说

长度：3 - 1 = 2
容量：5 - 1 = 4

可以用另一种方法来描述这几个值。第一个值表示新切片开始的元素的索引位置，这个例子中是 1。第二个值表示开始的索引位置（1），加上希望包含的元素的个数（2），1+2 的结果是 3，所以第二个值就是 3。容量是该与切片相关联的所有元素的数量。

需要记住的是，现在两个切片共享同一个底层数组。如果一个切片修改了该底层数组的共享部分，另一个切片也能感知到，如代码清单 4-28 所示。

代码清单 4-28　修改切片内容可能导致的结果

```
// 创建一个整型切片
// 其长度和容量都是 5 个元素
slice := []int{10, 20, 30, 40, 50}

// 创建一个新切片
// 其长度是 2 个元素，容量是 4 个元素
newSlice := slice[1:3]

// 修改 newSlice 索引为 1 的元素
// 同时也修改了原来的 slice 的索引为 2 的元素
newSlice[1] = 35
```

把 35 赋值给 newSlice 的第二个元素（索引为 1 的元素）的同时也是在修改原来的 slice 的第 3 个元素（索引为 2 的元素）（见图 4-13）。

切片只能访问到其长度内的元素。试图访问超出其长度的元素将会导致语言运行时异常，如代码清单 4-29 所示。与切片的容量相关联的元素只能用于增长切片。在使用这部分元素前，必须将其合并到切片的长度里。

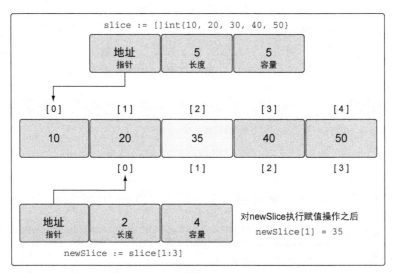

图 4-13　赋值操作之后的底层数组

```
// 创建一个整型切片
// 其长度和容量都是 5 个元素
slice := []int{10, 20, 30, 40, 50}

// 创建一个新切片
// 其长度为 2 个元素，容量为 4 个元素
newSlice := slice[1:3]

// 修改 newSlice 索引为 3 的元素
// 这个元素对于 newSlice 来说并不存在
newSlice[3] = 45

Runtime Exception:
panic: runtime error: index out of range
```

　　切片有额外的容量是很好，但是如果不能把这些容量合并到切片的长度里，这些容量就没有用处。好在可以用 Go 语言的内置函数 append 来做这种合并很容易。

2. 切片增长

　　相对于数组而言，使用切片的一个好处是，可以按需增加切片的容量。Go 语言内置的 append 函数会处理增加长度时的所有操作细节。

　　要使用 append，需要一个被操作的切片和一个要追加的值，如代码清单 4-30 所示。当 append 调用返回时，会返回一个包含修改结果的新切片。函数 append 总是会增加新切片的长度，而容量有可能会改变，也可能不会改变，这取决于被操作的切片的可用容量。

代码清单 4-30 使用 **append** 向切片增加元素

```
// 创建一个整型切片
// 其长度和容量都是 5 个元素
slice := []int{10, 20, 30, 40, 50}

// 创建一个新切片
// 其长度为 2 个元素，容量为 4 个元素
newSlice := slice[1:3]

// 使用原有的容量来分配一个新元素
// 将新元素赋值为 60
newSlice = append(newSlice, 60)
```

当代码清单 4-30 中的 append 操作完成后，两个切片和底层数组的布局如图 4-14 所示。

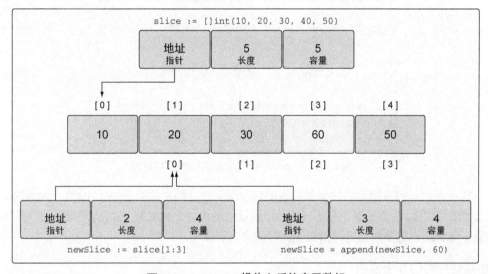

图 4-14 append 操作之后的底层数组

因为 newSlice 在底层数组里还有额外的容量可用，append 操作将可用的元素合并到切片的长度，并对其进行赋值。由于和原始的 slice 共享同一个底层数组，slice 中索引为 3 的元素的值也被改动了。

如果切片的底层数组没有足够的可用容量，append 函数会创建一个新的底层数组，将被引用的现有的值复制到新数组里，再追加新的值，如代码清单 4-31 所示。

代码清单 4-31 使用 **append** 同时增加切片的长度和容量

```
// 创建一个整型切片
// 其长度和容量都是 4 个元素
slice := []int{10, 20, 30, 40}
```

```
// 向切片追加一个新元素
// 将新元素赋值为 50
newSlice := append(slice, 50)
```

当这个 append 操作完成后，newSlice 拥有一个全新的底层数组，这个数组的容量是原来的两倍（见图 4-15）。

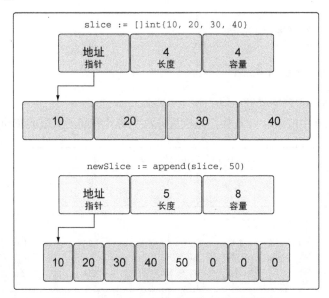

图 4-15　append 操作之后的新的底层数组

函数 append 会智能地处理底层数组的容量增长。在切片的容量小于 1000 个元素时，总是会成倍地增加容量。一旦元素个数超过 1000，容量的增长因子会设为 1.25，也就是会每次增加 25% 的容量。随着语言的演化，这种增长算法可能会有所改变。

3．创建切片时的 3 个索引

在创建切片时，还可以使用之前我们没有提及的第三个索引选项。第三个索引可以用来控制新切片的容量。其目的并不是要增加容量，而是要限制容量。可以看到，允许限制新切片的容量为底层数组提供了一定的保护，可以更好地控制追加操作。

让我们看看一个包含 5 个元素的字符串切片。这个切片包含了本地超市能找到的水果名字，如代码清单 4-32 所示。

代码清单 4-32　使用切片字面量声明一个字符串切片

```
// 创建字符串切片
// 其长度和容量都是 5 个元素
source := []string{"Apple", "Orange", "Plum", "Banana", "Grape"}
```

如果查看这个包含水果的切片的值，就像图 4-16 所展示的样子。

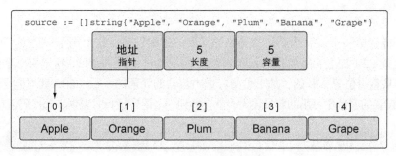

图 4-16　字符串切片的表示

现在，让我们试着用第三个索引选项来完成切片操作，如代码清单 4-33 所示。

代码清单 4-33　使用 3 个索引创建切片

```
// 将第三个元素切片，并限制容量
// 其长度为 1 个元素，容量为 2 个元素
slice := source[2:3:4]
```

这个切片操作执行后，新切片里从底层数组引用了 1 个元素，容量是 2 个元素。具体来说，新切片引用了 Plum 元素，并将容量扩展到 Banana 元素，如图 4-17 所示。

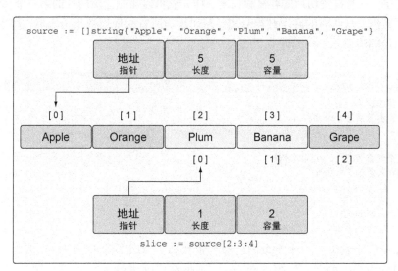

图 4-17　操作之后的新切片的表示

我们可以应用之前定义的公式来计算新切片的长度和容量，如代码清单 4-34 所示。

代码清单 4-34　如何计算长度和容量

对于 slice[i:j:k] 或 [2:3:4]

```
长度：j - i 或 3 - 2 = 1
容量：k - i 或 4 - 2 = 2
```

和之前一样，第一个值表示新切片开始的元素的索引位置，这个例子中是 2。第二个值表示开始的索引位置（2）加上希望包括的元素的个数（1），2+1 的结果是 3，所以第二个值就是 3。为了设置容量，从索引位置 2 开始，加上希望容量中包含的元素的个数（2），就得到了第三个值 4。

如果试图设置的容量比可用的容量还大，就会得到一个语言运行时错误，如代码清单 4-35 所示。

代码清单 4-35 设置容量大于已有容量的语言运行时错误

```
// 这个切片操作试图设置容量为 4
// 这比可用的容量大
slice := source[2:3:6]

Runtime Error:
panic: runtime error: slice bounds out of range
```

我们之前讨论过，内置函数 append 会首先使用可用容量。一旦没有可用容量，会分配一个新的底层数组。这导致很容易忘记切片间正在共享同一个底层数组。一旦发生这种情况，对切片进行修改，很可能会导致随机且奇怪的问题。对切片内容的修改会影响多个切片，却很难找到问题的原因。

如果在创建切片时设置切片的容量和长度一样，就可以强制让新切片的第一个 append 操作创建新的底层数组，与原有的底层数组分离。新切片与原有的底层数组分离后，可以安全地进行后续修改，如代码清单 4-36 所示。

代码清单 4-36 设置长度和容量一样的好处

```
// 创建字符串切片
// 其长度和容量都是 5 个元素
source := []string{"Apple", "Orange", "Plum", "Banana", "Grape"}

// 对第三个元素做切片，并限制容量
// 其长度和容量都是 1 个元素
slice := source[2:3:3]

// 向 slice 追加新字符串
slice = append(slice, "Kiwi")
```

如果不加第三个索引，由于剩余的所有容量都属于 slice，向 slice 追加 Kiwi 会改变原有底层数组索引为 3 的元素的值 Banana。不过在代码清单 4-36 中我们限制了 slice 的容量为 1。当我们第一次对 slice 调用 append 的时候，会创建一个新的底层数组，这个数组包括 2 个元素，并将水果 Plum 复制进来，再追加新水果 Kiwi，并返回一个引用了这个底层数组的新切片，如图 4-18 所示。

因为新的切片 slice 拥有了自己的底层数组，所以杜绝了可能发生的问题。我们可以继续向新切片里追加水果，而不用担心会不小心修改了其他切片里的水果。同时，也保持了为切片申请新的底层数组的简洁。

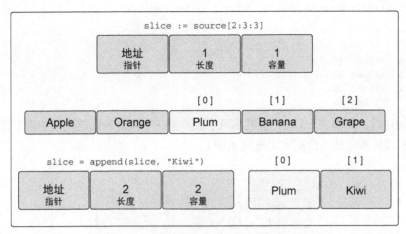

图 4-18 append 操作之后的新切片的表示

内置函数 append 也是一个可变参数的函数。这意味着可以在一次调用传递多个追加的值。如果使用...运算符，可以将一个切片的所有元素追加到另一个切片里，如代码清单 4-37 所示。

代码清单 4-37 将一个切片追加到另一个切片

```
// 创建两个切片，并分别用两个整数进行初始化
s1 := []int{1, 2}
s2 := []int{3, 4}

// 将两个切片追加在一起，并显示结果
fmt.Printf("%v\n", append(s1, s2...))

Output:
[1 2 3 4]
```

就像通过输出看到的那样，切片 s2 里的所有值都追加到了切片 s1 的后面。使用 Printf 时用来显示 append 函数返回的新切片的值。

4. 迭代切片

既然切片是一个集合，可以迭代其中的元素。Go 语言有个特殊的关键字 range，它可以配合关键字 for 来迭代切片里的元素，如代码清单 4-38 所示。

代码清单 4-38 使用 **for range** 迭代切片

```
// 创建一个整型切片
// 其长度和容量都是 4 个元素
slice := []int{10, 20, 30, 40}
```

```
// 迭代每一个元素，并显示其值
for index, value := range slice {
    fmt.Printf("Index: %d  Value: %d\n", index, value)
}

Output:
Index: 0  Value: 10
Index: 1  Value: 20
Index: 2  Value: 30
Index: 3  Value: 40
```

当迭代切片时，关键字 range 会返回两个值。第一个值是当前迭代到的索引位置，第二个值是该位置对应元素值的一份副本（见图 4-19）。

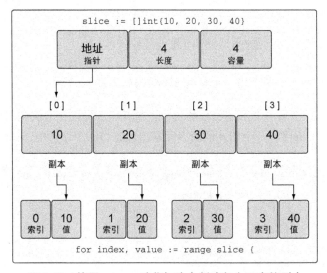

图 4-19　使用 range 迭代切片会创建每个元素的副本

需要强调的是，range 创建了每个元素的副本，而不是直接返回对该元素的引用，如代码清单 4-39 所示。如果使用该值变量的地址作为指向每个元素的指针，就会造成错误。让我们看看是为什么。

代码清单 4-39　range 提供了每个元素的副本

```
// 创建一个整型切片
// 其长度和容量都是 4 个元素
slice := []int{10, 20, 30, 40}

// 迭代每个元素，并显示值和地址
for index, value := range slice {
    fmt.Printf("Value: %d  Value-Addr: %X  ElemAddr: %X\n",
        value, &value, &slice[index])
}
```

```
Output:
Value: 10  Value-Addr: 10500168  ElemAddr: 1052E100
Value: 20  Value-Addr: 10500168  ElemAddr: 1052E104
Value: 30  Value-Addr: 10500168  ElemAddr: 1052E108
Value: 40  Value-Addr: 10500168  ElemAddr: 1052E10C
```

因为迭代返回的变量是一个迭代过程中根据切片依次赋值的新变量，所以 value 的地址总是相同的。要想获取每个元素的地址，可以使用切片变量和索引值。

如果不需要索引值，可以使用占位字符来忽略这个值，如代码清单 4-40 所示。

代码清单 4-40 　使用空白标识符（下划线）来忽略索引值

```
// 创建一个整型切片
// 其长度和容量都是 4 个元素
slice := []int{10, 20, 30, 40}

// 迭代每个元素，并显示其值
for _, value := range slice {
    fmt.Printf("Value: %d\n", value)
}

Output:
Value: 10
Value: 20
Value: 30
Value: 40
```

关键字 range 总是会从切片头部开始迭代。如果想对迭代做更多的控制，依旧可以使用传统的 for 循环，如代码清单 4-41 所示。

代码清单 4-41 　使用传统的 **for** 循环对切片进行迭代

```
// 创建一个整型切片
// 其长度和容量都是 4 个元素
slice := []int{10, 20, 30, 40}

// 从第三个元素开始迭代每个元素
for index := 2; index < len(slice); index++ {
    fmt.Printf("Index: %d  Value: %d\n", index, slice[index])
}

Output:
Index: 2  Value: 30
Index: 3  Value: 40
```

有两个特殊的内置函数 len 和 cap，可以用于处理数组、切片和通道。对于切片，函数 len 返回切片的长度，函数 cap 返回切片的容量。在代码清单 4-41 里，我们使用函数 len 来决定什么时候停止对切片的迭代。

现在知道了如何创建和使用切片。可以组合多个切片成为多维切片，并对其进行迭代。

4.2.4　多维切片

和数组一样，切片是一维的。不过，和之前对数组的讨论一样，可以组合多个切片形成多维切片，如代码清单 4-42 所示。

代码清单 4-42　声明多维切片

```
// 创建一个整型切片的切片
slice := [][]int{{10}, {100, 200}}
```

我们有了一个包含两个元素的外层切片，每个元素包含一个内层的整型切片。切片 slice 的值看起来像图 4-20 展示的样子。

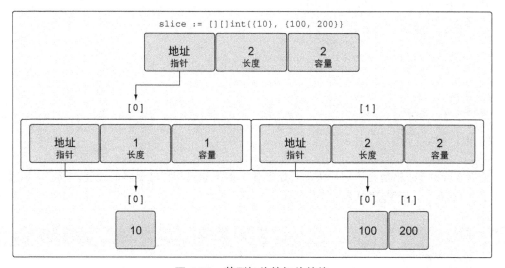

图 4-20　整型切片的切片的值

在图 4-20 里，可以看到组合切片的操作是如何将一个切片嵌入到另一个切片中的。外层的切片包括两个元素，每个元素都是一个切片。第一个元素中的切片使用单个整数 10 来初始化，第二个元素中的切片包括两个整数，即 100 和 200。

这种组合可以让用户创建非常复杂且强大的数据结构。已经学过的关于内置函数 append 的规则也可以应用到组合后的切片上，如代码清单 4-43 所示。

代码清单 4-43　组合切片的切片

```
// 创建一个整型切片的切片
slice := [][]int{{10}, {100, 200}}

// 为第一个切片追加值为 20 的元素
slice[0] = append(slice[0], 20)
```

Go 语言里使用 append 函数处理追加的方式很简明：先增长切片，再将新的整型切片赋值给外层切片的第一个元素。当代码清单 4-43 中的操作完成后，会为新的整型切片分配新的底层数组，然后将切片复制到外层切片的索引为 0 的元素，如图 4-21 所示。

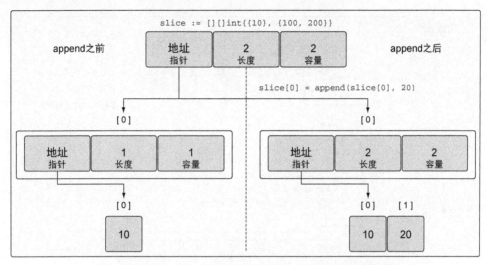

图 4-21　append 操作之后外层切片索引为 0 的元素的布局

即便是这么简单的多维切片，操作时也会涉及众多布局和值。看起来在函数间像这样传递数据结构也会很复杂。不过切片本身结构很简单，可以以很小的成本在函数间传递。

4.2.5　在函数间传递切片

在函数间传递切片就是要在函数间以值的方式传递切片。由于切片的尺寸很小，在函数间复制和传递切片成本也很低。让我们创建一个大切片，并将这个切片以值的方式传递给函数 foo，如代码清单 4-44 所示。

代码清单 4-44　在函数间传递切片

```
// 分配包含 100 万个整型值的切片
slice := make([]int, 1e6)

// 将 slice 传递到函数 foo
slice = foo(slice)

// 函数 foo 接收一个整型切片，并返回这个切片
func foo(slice []int) []int {
    ...
    return slice
}
```

在 64 位架构的机器上，一个切片需要 24 字节的内存：指针字段需要 8 字节，长度和容量

字段分别需要 8 字节。由于与切片关联的数据包含在底层数组里，不属于切片本身，所以将切片复制到任意函数的时候，对底层数组大小都不会有影响。复制时只会复制切片本身，不会涉及底层数组（见图 4-22）。

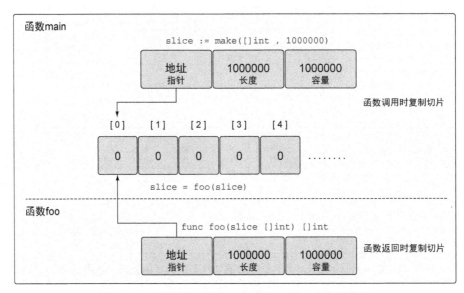

图 4-22　函数调用之后两个切片指向同一个底层数组

在函数间传递 24 字节的数据会非常快速、简单。这也是切片效率高的地方。不需要传递指针和处理复杂的语法，只需要复制切片，按想要的方式修改数据，然后传递回一份新的切片副本。

4.3　映射的内部实现和基础功能

映射是一种数据结构，用于存储一系列无序的键值对。

映射里基于键来存储值。图 4-23 通过一个例子展示了映射里键值对是如何存储的。映射功能强大的地方是，能够基于键快速检索数据。键就像索引一样，指向与该键关联的值。

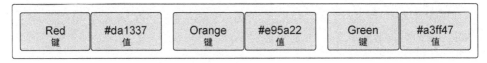

图 4-23　键值对的关系

4.3.1　内部实现

映射是一个集合，可以使用类似处理数组和切片的方式迭代映射中的元素。但映射是无序的集合，意味着没有办法预测键值对被返回的顺序。即便使用同样的顺序保存键值对，每次迭代映射的时候顺序也可能不一样。无序的原因是映射的实现使用了散列表，见图 4-24。

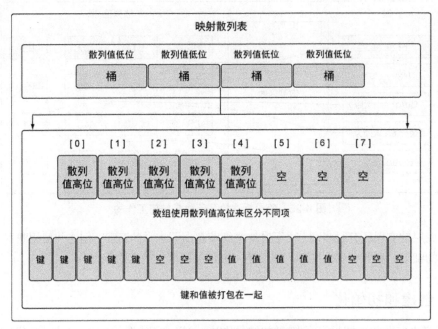

图 4-24　映射的内部结构的简单表示

映射的散列表包含一组桶。在存储、删除或者查找键值对的时候，所有操作都要先选择一个桶。把操作映射时指定的键传给映射的散列函数，就能选中对应的桶。这个散列函数的目的是生成一个索引，这个索引最终将键值对分布到所有可用的桶里。

随着映射存储的增加，索引分布越均匀，访问键值对的速度就越快。如果你在映射里存储了 10 000 个元素，你不希望每次查找都要访问 10 000 个键值对才能找到需要的元素，你希望查找键值对的次数越少越好。对于有 10 000 个元素的映射，每次查找只需要查找 8 个键值对才是一个分布得比较好的映射。映射通过合理数量的桶来平衡键值对的分布。

Go 语言的映射生成散列键的过程比图 4-25 展示的过程要稍微长一些，不过大体过程是类似的。在我们的例子里，键是字符串，代表颜色。这些字符串会转换为一个数值（散列值）。这个数值落在映射已有桶的序号范围内表示一个可以用于存储的桶的序号。之后，这个数值就被用于选择桶，用于存储或者查找指定的键值对。对 Go 语言的映射来说，生成的散列键的一部分，具体来说是低位（LOB），被用来选择桶。

如果再仔细看看图 4-24，就能看出桶的内部实现。映射使用两个数据结构来存储数据。第一个数据结构是一个数组，内部存储的是用于选择桶的散列键的高八位值。这个数组用于区分每个键值对要存在哪个桶里。第二个数据结构是一个字节数组，用于存储键值对。该字节数组先依次存储了这个桶里所有的键，之后依次存储了这个桶里所有的值。实现这种键值对的存储方式目的在于减少每个桶所需的内存。

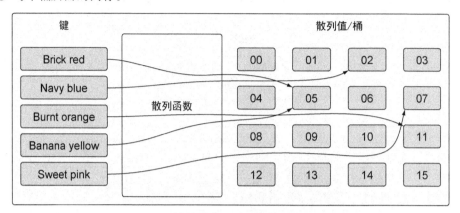

图 4-25　简单描述散列函数是如何工作的

映射底层的实现还有很多细节，不过这些细节超出了本书的范畴。创建并使用映射并不需要了解所有的细节，只要记住一件事：映射是一个存储键值对的无序集合。

4.3.2　创建和初始化

Go 语言中有很多种方法可以创建并初始化映射，可以使用内置的 make 函数（如代码清单 4-45 所示），也可以使用映射字面量。

代码清单 4-45　使用 make 声明映射

```
// 创建一个映射，键的类型是 string，值的类型是 int
dict := make(map[string]int)

// 创建一个映射，键和值的类型都是 string
// 使用两个键值对初始化映射
dict := map[string]string{"Red": "#da1337", "Orange": "#e95a22"}
```

创建映射时，更常用的方法是使用映射字面量。映射的初始长度会根据初始化时指定的键值对的数量来确定。

映射的键可以是任何值。这个值的类型可以是内置的类型，也可以是结构类型，只要这个值可以使用==运算符做比较。切片、函数以及包含切片的结构类型这些类型由于具有引用语义，不能作为映射的键，使用这些类型会造成编译错误，如代码清单 4-46 所示。

代码清单 4-46　使用映射字面量声明空映射

```
// 创建一个映射，使用字符串切片作为映射的键
dict := map[[]string]int{}
```

```
Compiler Exception:
invalid map key type []string
```

没有任何理由阻止用户使用切片作为映射的值，如代码清单 4-47 所示。这个在使用一个映射键对应一组数据时，会非常有用。

代码清单 4-47　声明一个存储字符串切片的映射

```
// 创建一个映射，使用字符串切片作为值
dict := map[int][]string{}
```

4.3.3　使用映射

键值对赋值给映射，是通过指定适当类型的键并给这个键赋一个值来完成的，如代码清单 4-48 所示。

代码清单 4-48　为映射赋值

```
// 创建一个空映射，用来存储颜色以及颜色对应的十六进制代码
colors := map[string]string{}

// 将 Red 的代码加入到映射
colors["Red"] = "#da1337"
```

可以通过声明一个未初始化的映射来创建一个值为 nil 的映射（称为 nil 映射）。nil 映射不能用于存储键值对，否则，会产生一个语言运行时错误，如代码清单 4-49 所示。

代码清单 4-49　对 nil 映射赋值时的语言运行时错误

```
// 通过声明映射创建一个 nil 映射
var colors map[string]string

// 将 Red 的代码加入到映射
colors["Red"] = "#da1337"

Runtime Error:
panic: runtime error: assignment to entry in nil map
```

测试映射里是否存在某个键是映射的一个重要操作。这个操作允许用户写一些逻辑来确定是否完成了某个操作或者是否在映射里缓存了特定数据。这个操作也可以用来比较两个映射，来确定哪些键值对互相匹配，哪些键值对不匹配。

从映射取值时有两个选择。第一个选择是，可以同时获得值，以及一个表示这个键是否存在的标志，如代码清单 4-50 所示。

代码清单 4-50　从映射获取值并判断键是否存在

```
// 获取键 Blue 对应的值
value, exists := colors["Blue"]
```

```
// 这个键存在吗?
if exists {
    fmt.Println(value)
}
```

另一个选择是,只返回键对应的值,然后通过判断这个值是不是零值来确定键是否存在,如代码清单 4-51 所示。[①]

代码清单 4-51   从映射获取值,并通过该值判断键是否存在

```
// 获取键 Blue 对应的值
value := colors["Blue"]

// 这个键存在吗?
if value != "" {
    fmt.Println(value)
}
```

在 Go 语言里,通过键来索引映射时,即便这个键不存在也总会返回一个值。在这种情况下,返回的是该值对应的类型的零值。

迭代映射里的所有值和迭代数组或切片一样,使用关键字 range,如代码清单 4-52 所示。但对映射来说,range 返回的不是索引和值,而是键值对。

代码清单 4-52   使用 **range** 迭代映射

```
// 创建一个映射,存储颜色以及颜色对应的十六进制代码
colors := map[string]string{
    "AliceBlue":    "#f0f8ff",
    "Coral":        "#ff7F50",
    "DarkGray":     "#a9a9a9",
    "ForestGreen": "#228b22",
}

// 显示映射里的所有颜色
for key, value := range colors {
    fmt.Printf("Key: %s  Value: %s\n", key, value)
}
```

如果想把一个键值对从映射里删除,就使用内置的 delete 函数,如代码清单 4-53 所示。

代码清单 4-53   从映射中删除一项

```
// 删除键为 Coral 的键值对
delete(colors, "Coral")

// 显示映射里的所有颜色
for key, value := range colors {
    fmt.Printf("Key: %s  Value: %s\n", key, value)
}
```

---

① 这种方法只能用在映射存储的值都是非零值的情况。——译者注

这次在迭代映射时，颜色 Coral 不会显示在屏幕上。

4.3.4 在函数间传递映射

在函数间传递映射并不会制造出该映射的一个副本。实际上，当传递映射给一个函数，并对这个映射做了修改时，所有对这个映射的引用都会察觉到这个修改，如代码清单 4-54 所示。

代码清单 4-54 在函数间传递映射

```go
func main() {
    // 创建一个映射，存储颜色以及颜色对应的十六进制代码
    colors := map[string]string{
        "AliceBlue":   "#f0f8ff",
        "Coral":       "#ff7F50",
        "DarkGray":    "#a9a9a9",
        "ForestGreen": "#228b22",
    }

    // 显示映射里的所有颜色
    for key, value := range colors {
        fmt.Printf("Key: %s  Value: %s\n", key, value)
    }

    // 调用函数来移除指定的键
    removeColor(colors, "Coral")

    // 显示映射里的所有颜色
    for key, value := range colors {
        fmt.Printf("Key: %s  Value: %s\n", key, value)
    }
}

// removeColor 将指定映射里的键删除
func removeColor(colors map[string]string, key string) {
    delete(colors, key)
}
```

如果运行这个程序，会得到代码清单 4-55 所示的输出。

代码清单 4-55 代码清单 4-54 的输出

```
Key: AliceBlue Value: #F0F8FF
Key: Coral Value: #FF7F50
Key: DarkGray Value: #A9A9A9
Key: ForestGreen Value: #228B22

Key: AliceBlue Value: #F0F8FF
Key: DarkGray Value: #A9A9A9
Key: ForestGreen Value: #228B22
```

可以看到，在调用了 removeColor 之后，main 函数里引用的映射中不再有 Coral 颜色

了。这个特性和切片类似，保证可以用很小的成本来复制映射。

4.4　小结

- 数组是构造切片和映射的基石。
- Go 语言里切片经常用来处理数据的集合，映射用来处理具有键值对结构的数据。
- 内置函数 make 可以创建切片和映射，并指定原始的长度和容量。也可以直接使用切片和映射字面量，或者使用字面量作为变量的初始值。
- 切片有容量限制，不过可以使用内置的 append 函数扩展容量。
- 映射的增长没有容量或者任何限制。
- 内置函数 len 可以用来获取切片或者映射的长度。
- 内置函数 cap 只能用于切片。
- 通过组合，可以创建多维数组和多维切片。也可以使用切片或者其他映射作为映射的值。但是切片不能用作映射的键。
- 将切片或者映射传递给函数成本很小，并且不会复制底层的数据结构。

第 5 章　Go 语言的类型系统

Go 语言是一种静态类型的编程语言。这意味着，编译器需要在编译时知晓程序里每个值的类型。如果提前知道类型信息，编译器就可以确保程序合理地使用值。这有助于减少潜在的内存异常和 bug，并且使编译器有机会对代码进行一些性能优化，提高执行效率。

值的类型给编译器提供两部分信息：第一部分，需要分配多少内存给这个值（即值的规模）；第二部分，这段内存表示什么。对于许多内置类型的情况来说，规模和表示是类型名的一部分。int64 类型的值需要 8 字节（64 位），表示一个整数值；float32 类型的值需要 4 字节（32 位），表示一个 IEEE-754 定义的二进制浮点数；bool 类型的值需要 1 字节（8 位），表示布尔值 true 和 false。

有些类型的内部表示与编译代码的机器的体系结构有关。例如，根据编译所在的机器的体系结构，一个 int 值的大小可能是 8 字节（64 位），也可能是 4 字节（32 位）。还有一些与体系结构相关的类型，如 Go 语言里的所有引用类型。好在创建和使用这些类型的值的时候，不需要了解这些与体系结构相关的信息。但是，如果编译器不知道这些信息，就无法阻止用户做一些导致程序受损甚至机器故障的事情。

5.1　用户定义的类型

Go 语言允许用户定义类型。当用户声明一个新类型时，这个声明就给编译器提供了一个框架，告知必要的内存大小和表示信息。声明后的类型与内置类型的运作方式类似。Go 语言里声明用户定义的类型有两种方法。最常用的方法是使用关键字 struct，它可以让用户创建一个结构类型。

结构类型通过组合一系列固定且唯一的字段来声明，如代码清单 5-1 所示。结构里每个字段都会用一个已知类型声明。这个已知类型可以是内置类型，也可以是其他用户定义的类型。

代码清单 5-1　声明一个结构类型

```
01 // user 在程序里定义一个用户类型
02 type user struct {
03     name       string
04     email      string
05     ext        int
06     privileged bool
07 }
```

在代码清单 5-1 中，可以看到一个结构类型的声明。这个声明以关键字 type 开始，之后是新类型的名字，最后是关键字 struct。这个结构类型有 4 个字段，每个字段都基于一个内置类型。读者可以看到这些字段是如何组合成一个数据的结构的。一旦声明了类型（如代码清单 5-2 所示），就可以使用这个类型创建值。

代码清单 5-2　使用结构类型声明变量，并初始化为其零值

```
09 // 声明 user 类型的变量
10 var bill user
```

在代码清单 5-2 的第 10 行，关键字 var 创建了类型为 user 且名为 bill 的变量。当声明变量时，这个变量对应的值总是会被初始化。这个值要么用指定的值初始化，要么用零值（即变量类型的默认值）做初始化。对数值类型来说，零值是 0；对字符串来说，零值是空字符串；对布尔类型，零值是 false。对这个例子里的结构，结构里每个字段都会用零值初始化。

任何时候，创建一个变量并初始化为其零值，习惯是使用关键字 var。这种用法是为了更明确地表示一个变量被设置为零值。如果变量被初始化为某个非零值，就配合结构字面量和短变量声明操作符来创建变量。

代码清单 5-3 展示了如何声明一个 user 类型的变量，并使用某个非零值作为初始值。在第 13 行，我们首先给出了一个变量名，之后是短变量声明操作符。这个操作符是冒号加一个等号（:=）。一个短变量声明操作符在一次操作中完成两件事情：声明一个变量，并初始化。短变量声明操作符会使用右侧给出的类型信息作为声明变量的类型。

代码清单 5-3　使用结构字面量来声明一个结构类型的变量

```
12 // 声明 user 类型的变量，并初始化所有字段
13 lisa := user{
14     name:      "Lisa",
15     email:     "lisa@email.com",
```

```
16      ext:            123,
17      privileged: true,
18 }
```

既然要创建并初始化一个结构类型，我们就使用结构字面量来完成这个初始化，如代码清单 5-4 所示。结构字面量使用一对大括号括住内部字段的初始值。

代码清单 5-4　使用结构字面量创建结构类型的值

```
13 user{
14      name:           "Lisa",
15      email:          "lisa@email.com",
16      ext:            123,
17      privileged: true,
18 }
```

结构字面量可以对结构类型采用两种形式。代码清单 5-4 中使用了第一种形式，这种形式在不同行声明每个字段的名字以及对应的值。字段名与值用冒号分隔，每一行以逗号结尾。这种形式对字段的声明顺序没有要求。第二种形式没有字段名，只声明对应的值，如代码清单 5-5 所示。

代码清单 5-5　不使用字段名，创建结构类型的值

```
12 // 声明 user 类型的变量
13 lisa := user{"Lisa", "lisa@email.com", 123, true}
```

每个值也可以分别占一行，不过习惯上这种形式会写在一行里，结尾不需要逗号。这种形式下，值的顺序很重要，必须要和结构声明中字段的顺序一致。当声明结构类型时，字段的类型并不限制在内置类型，也可以使用其他用户定义的类型，如代码清单 5-6 所示。

代码清单 5-6　使用其他结构类型声明字段

```
20 // admin 需要一个 user 类型作为管理者，并附加权限
21 type admin struct {
22      person user
23      level  string
24 }
```

代码清单 5-6 展示了一个名为 admin 的新结构类型。这个结构类型有一个名为 person 的 user 类型的字段，还声明了一个名为 level 的 string 字段。当创建具有 person 这种字段的结构类型的变量时，初始化用的结构字面量会有一些变化，如代码清单 5-7 所示。

代码清单 5-7　使用结构字面量来创建字段的值

```
26 // 声明 admin 类型的变量
27 fred := admin{
28      person: user{
29          name:           "Lisa",
30          email:          "lisa@email.com",
31          ext:            123,
32          privileged: true,
```

```
33        },
34        level: "super",
35 }
```

为了初始化 person 字段，我们需要创建一个 user 类型的值。代码清单 5-7 的第 28 行就是在创建这个值。这行代码使用结构字面量的形式创建了一个 user 类型的值，并赋给了 person 字段。

另一种声明用户定义的类型的方法是，基于一个已有的类型，将其作为新类型的类型说明。当需要一个可以用已有类型表示的新类型的时候，这种方法会非常好用，如代码清单 5-8 所示。标准库使用这种声明类型的方法，从内置类型创建出很多更加明确的类型，并赋予更高级的功能。

代码清单 5-8　基于 **int64** 声明一个新类型

```
type Duration int64
```

代码清单 5-8 展示的是标准库的 time 包里的一个类型的声明。Duration 是一种描述时间间隔的类型，单位是纳秒（ns）。这个类型使用内置的 int64 类型作为其表示。在 Duration 类型的声明中，我们把 int64 类型叫作 Duration 的基础类型。不过，虽然 int64 是基础类型，Go 并不认为 Duration 和 int64 是同一种类型。这两个类型是完全不同的有区别的类型。

为了更好地展示这种区别，来看一下代码清单 5-9 所示的小程序。这个程序本身无法通过编译。

代码清单 5-9　给不同类型的变量赋值会产生编译错误

```
01 package main
02
03 type Duration int64
04
05 func main() {
06     var dur Duration
07     dur = int64(1000)
08 }
```

代码清单 5-9 所示的程序在第 03 行声明了 Duration 类型。之后在第 06 行声明了一个类型为 Duration 的变量 dur，并使用零值作为初值。之后，第 07 行的代码会在编译的时候产生编译错误，如代码清单 5-10 所示。

代码清单 5-10　实际产生的编译错误

```
prog.go:7: cannot use int64(1000) (type int64) as type Duration
           in assignment
```

编译器很清楚这个程序的问题：类型 int64 的值不能作为类型 Duration 的值来用。换句话说，虽然 int64 类型是基础类型，Duration 类型依然是一个独立的类型。两种不同类型的值即便互相兼容，也不能互相赋值。编译器不会对不同类型的值做隐式转换。

5.2 方法

方法能给用户定义的类型添加新的行为。方法实际上也是函数，只是在声明时，在关键字 func 和方法名之间增加了一个参数，如代码清单 5-11 所示。

代码清单 5-11　listing11.go

```
01 // 这个示例程序展示如何声明
02 // 并使用方法
03 package main
04
05 import (
06     "fmt"
07 )
08
09 // user 在程序里定义一个用户类型
10 type user struct {
11     name  string
12     email string
13 }
14
15 // notify 使用值接收者实现了一个方法
16 func (u user) notify() {
17     fmt.Printf("Sending User Email To %s<%s>\n",
18         u.name,
19         u.email)
20 }
21
22 // changeEmail 使用指针接收者实现了一个方法
23 func (u *user) changeEmail(email string) {
24     u.email = email
25 }
26
27 // main 是应用程序的入口
28 func main() {
29     // user 类型的值可以用来调用
30     // 使用值接收者声明的方法
31     bill := user{"Bill", "bill@email.com"}
32     bill.notify()
33
34     // 指向 user 类型值的指针也可以用来调用
35     // 使用值接收者声明的方法
36     lisa := &user{"Lisa", "lisa@email.com"}
37     lisa.notify()
38
39     // user 类型的值可以用来调用
40     // 使用指针接收者声明的方法
41     bill.changeEmail("bill@newdomain.com")
42     bill.notify()
43
```

```
44      // 指向 user 类型值的指针可以用来调用
45      // 使用指针接收者声明的方法
46      lisa.changeEmail("lisa@comcast.com")
47      lisa.notify()
48 }
```

代码清单 5-11 的第 16 行和第 23 行展示了两种类型的方法。关键字 func 和函数名之间的参数被称作接收者，将函数与接收者的类型绑在一起。如果一个函数有接收者，这个函数就被称为方法。当运行这段程序时，会得到代码清单 5-12 所示的输出。

代码清单 5-12　listing11.go 的输出

```
Sending User Email To Bill<bill@email.com>
Sending User Email To Lisa<lisa@email.com>
Sending User Email To Bill<bill@newdomain.com>
Sending User Email To Lisa<lisa@comcast.com>
```

让我们来解释一下代码清单 5-13 所示的程序都做了什么。在第 10 行，该程序声明了名为 user 的结构类型，并声明了名为 notify 的方法。

代码清单 5-13　listing11.go：第 09 行到第 20 行

```
09 // user 在程序里定义一个用户类型
10 type user struct {
11     name  string
12     email string
13 }
14
15 // notify 使用值接收者实现了一个方法
16 func (u user) notify() {
17     fmt.Printf("Sending User Email To %s<%s>\n",
18         u.name,
19         u.email)
20 }
```

Go 语言里有两种类型的接收者：值接收者和指针接收者。在代码清单 5-13 的第 16 行，使用值接收者声明了 notify 方法，如代码清单 5-14 所示。

代码清单 5-14　使用值接收者声明一个方法

```
func (u user) notify() {
```

notify 方法的接收者被声明为 user 类型的值。如果使用值接收者声明方法，调用时会使用这个值的一个副本来执行。让我们跳到代码清单 5-11 的第 32 行来看一下如何调用 notify 方法，如代码清单 5-15 所示。

代码清单 5-15　listing11.go：第 29 行到第 32 行

```
29      // user 类型的值可以用来调用
30      // 使用值接收者声明的方法
```

```
31      bill := user{"Bill", "bill@email.com"}
32      bill.notify()
```

代码清单 5-15 展示了如何使用 user 类型的值来调用方法。第 31 行声明了一个 user 类型的变量 bill，并使用给定的名字和电子邮件地址做初始化。之后在第 32 行，使用变量 bill 来调用 notify 方法，如代码清单 5-16 所示。

> **代码清单 5-16　使用变量来调用方法**

```
bill.notify()
```

这个语法与调用一个包里的函数看起来很类似。但在这个例子里，bill 不是包名，而是变量名。这段程序在调用 notify 方法时，使用 bill 的值作为接收者进行调用，方法 notify 会接收到 bill 的值的一个副本。

也可以使用指针来调用使用值接收者声明的方法，如代码清单 5-17 所示。

> **代码清单 5-17　listing11.go：第 34 行到第 37 行**

```
34      // 指向 user 类型值的指针也可以用来调用
35      // 使用值接收者声明的方法
36      lisa := &user{"Lisa", "lisa@email.com"}
37      lisa.notify()
```

代码清单 5-17 展示了如何使用指向 user 类型值的指针来调用 notify 方法。在第 36 行，声明了一个名为 lisa 的指针变量，并使用给定的名字和电子邮件地址做初始化。之后在第 37 行，使用这个指针变量来调用 notify 方法。为了支持这种方法调用，Go 语言调整了指针的值，来符合方法接收者的定义。可以认为 Go 语言执行了代码清单 5-18 所示的操作。

> **代码清单 5-18　Go 在代码背后的执行动作**

```
(*lisa).notify()
```

代码清单 5-18 展示了 Go 编译器为了支持这种方法调用背后做的事情。指针被解引用为值，这样就符合了值接收者的要求。再强调一次，notify 操作的是一个副本，只不过这次操作的是从 lisa 指针指向的值的副本。

也可以使用指针接收者声明方法，如代码清单 5-19 所示。

> **代码清单 5-19　listing11.go：第 22 行到第 25 行**

```
22 // changeEmail 使用指针接收者实现了一个方法
23 func (u *user) changeEmail(email string) {
24      u.email = email
25 }
```

代码清单 5-19 展示了 changeEmail 方法的声明。这个方法使用指针接收者声明。这个接收者的类型是指向 user 类型值的指针，而不是 user 类型的值。当调用使用指针接收者声明的方法时，这个方法会共享调用方法时接收者所指向的值，如代码清单 5-20 所示。

```
36        lisa := &user{"Lisa", "lisa@email.com"}

44        // 指向 user 类型值的指针可以用来调用
45        // 使用指针接收者声明的方法
46        lisa.changeEmail("lisa@newdomain.com")
```

在代码清单 5-20 中，可以看到声明了 lisa 指针变量，还有第 46 行使用这个变量调用了 changeEmail 方法。一旦 changeEmail 调用返回，这个调用对值做的修改也会反映在 lisa 指针所指向的值上。这是因为 changeEmail 方法使用了指针接收者。总结一下，值接收者使用值的副本来调用方法，而指针接收者使用实际值来调用方法。

也可以使用一个值来调用使用指针接收者声明的方法，如代码清单 5-21 所示。

```
31        bill := user{"Bill", "bill@email.com"}

39        // user 类型的值可以用来调用
40        // 使用指针接收者声明的方法
41        bill.changeEmail("bill@newdomain.com")
```

在代码清单 5-21 中可以看到声明的变量 bill，以及之后使用这个变量调用使用指针接收者声明的 changeEmail 方法。Go 语言再一次对值做了调整，使之符合函数的接收者，进行调用，如代码清单 5-22 所示。

```
(&bill).changeEmail("bill@newdomain.com")
```

代码清单 5-22 展示了 Go 编译器为了支持这种方法调用在背后做的事情。在这个例子里，首先引用 bill 值得到一个指针，这样这个指针就能够匹配方法的接收者类型，再进行调用。Go 语言既允许使用值，也允许使用指针来调用方法，不必严格符合接收者的类型。这个支持非常方便开发者编写程序。

应该使用值接收者，还是应该使用指针接收者，这个问题有时会比较迷惑人。可以遵从标准库里一些基本的指导方针来做决定。后面会进一步介绍这些指导方针。

5.3　类型的本质

在声明一个新类型之后，声明一个该类型的方法之前，需要先回答一个问题：这个类型的本质是什么。如果给这个类型增加或者删除某个值，是要创建一个新值，还是要更改当前的值？如果是要创建一个新值，该类型的方法就使用值接收者。如果是要修改当前值，就使用指针接收者。这个答案也会影响程序内部传递这个类型的值的方式：是按值做传递，还是按指针做传递。保持传递的一致性很重要。这个背后的原则是，不要只关注某个方法是如何处理这个值的，而是要关注这个值的本质是什么。

5.3.1 内置类型

内置类型是由语言提供的一组类型。我们已经见过这些类型，分别是数值类型、字符串类型和布尔类型。这些类型本质上是原始的类型。因此，当对这些值进行增加或者删除的时候，会创建一个新值。基于这个结论，当把这些类型的值传递给方法或者函数时，应该传递一个对应值的副本。让我们看一下标准库里使用这些内置类型的值的函数，如代码清单 5-23 所示。

```
620 func Trim(s string, cutset string) string {
621     if s == "" || cutset == "" {
622         return s
623     }
624     return TrimFunc(s, makeCutsetFunc(cutset))
625 }
```

在代码清单 5-23 中，可以看到标准库里 strings 包的 Trim 函数。Trim 函数传入一个 string 类型的值做操作，再传入一个 string 类型的值用于查找。之后函数会返回一个新的 string 值作为操作结果。这个函数对调用者原始的 string 值的一个副本做操作，并返回一个新的 string 值的副本。字符串（string）就像整数、浮点数和布尔值一样，本质上是一种很原始的数据值，所以在函数或方法内外传递时，要传递字符串的一份副本。

让我们看一下体现内置类型具有的原始本质的第二个例子，如代码清单 5-24 所示。

```
38 func isShellSpecialVar(c uint8) bool {
39     switch c {
40     case '*', '#', '$', '@', '!', '?', '0', '1', '2', '3', '4', '5',
                                    '6', '7', '8', '9':
41         return true
42     }
43     return false
44 }
```

代码清单 5-24 展示了 env 包里的 isShellSpecialVar 函数。这个函数传入了一个 int8 类型的值，并返回一个 bool 类型的值。注意，这里的参数没有使用指针来共享参数的值或者返回值。调用者传入了一个 uint8 值的副本，并接受一个返回值 true 或者 false。

5.3.2 引用类型

Go 语言里的引用类型有如下几个：切片、映射、通道、接口和函数类型。当声明上述类型的变量时，创建的变量被称作标头（header）值。从技术细节上说，字符串也是一种引用类型。每个引用类型创建的标头值是包含一个指向底层数据结构的指针。每个引用类型还包含一组独特的字段，用于管理底层数据结构。因为标头值是为复制而设计的，所以永远不需要共享一个引用类型的值。标头值里包含一个指针，因此通过复制来传递一个引用类型的值的副本，本质上就是在共享底层数据结构。

让我们看一下 net 包里的类型，如代码清单 5-25 所示。

代码清单 5-25　golang.org/src/net/ip.go：第 32 行

```
32 type IP []byte
```

代码清单 5-25 展示了一个名为 IP 的类型，这个类型被声明为字节切片。当要围绕相关的内置类型或者引用类型来声明用户定义的行为时，直接基于已有类型来声明用户定义的类型会很好用。编译器只允许为命名的用户定义的类型声明方法，如代码清单 5-26 所示。

代码清单 5-26　golang.org/src/net/ip.go：第 329 行到第 337 行

```
329 func (ip IP) MarshalText() ([]byte, error) {
330     if len(ip) == 0 {
331         return []byte(""), nil
332     }
333     if len(ip) != IPv4len && len(ip) != IPv6len {
334         return nil, errors.New("invalid IP address")
335     }
336     return []byte(ip.String()), nil
337 }
```

代码清单 5-26 里定义的 MarshalText 方法是用 IP 类型的值接收者声明的。一个值接收者，正像预期的那样通过复制来传递引用，从而不需要通过指针来共享引用类型的值。这种传递方法也可以应用到函数或者方法的参数传递，如代码清单 5-27 所示。

代码清单 5-27　golang.org/src/net/ip.go：第 318 行到第 325 行

```
318 // ipEmptyString 像 ip.String 一样，
319 // 只不过在没有设置 ip 时会返回一个空字符串
320 func ipEmptyString(ip IP) string {
321     if len(ip) == 0 {
322         return ""
323     }
324     return ip.String()
325 }
```

在代码清单 5-27 里，有一个 ipEmptyString 函数。这个函数需要传入一个 IP 类型的值。再一次，你可以看到调用者传入的是这个引用类型的值，而不是通过引用共享给这个函数。调用者将引用类型的值的副本传入这个函数。这种方法也适用于函数的返回值。最后要说的是，引用类型的值在其他方面像原始的数据类型的值一样对待。

5.3.3　结构类型

结构类型可以用来描述一组数据值，这组值的本质即可以是原始的，也可以是非原始的。如果决定在某些东西需要删除或者添加某个结构类型的值时该结构类型的值不应该被更改，那么需要遵守之前提到的内置类型和引用类型的规范。让我们从标准库里的一个原始本质的类型的结构实现开始，如代码清单 5-28 所示。

代码清单 5-28　golang.org/src/time/time.go：第 39 行到第 55 行

```
39 type Time struct {
40     // sec 给出自公元 1 年 1 月 1 日 00:00:00
41     // 开始的秒数
42     sec int64
43
44     // nsec 指定了一秒内的纳秒偏移，
45     // 这个值是非零值，
46     // 必须在[0, 999999999]范围内
47     nsec int32
48
49     // loc 指定了一个 Location，
50     // 用于决定该时间对应的当地的分、小时、
51     // 天和年的值
52     // 只有 Time 的零值，其 loc 的值是 nil
53     // 这种情况下，认为处于 UTC 时区
54     loc *Location
55 }
```

代码清单 5-28 中的 Time 结构选自 time 包。当思考时间的值时，你应该意识到给定的一个时间点的时间是不能修改的。所以标准库里也是这样实现 Time 类型的。让我们看一下 Now 函数是如何创建 Time 类型的值的，如代码清单 5-29 所示。

代码清单 5-29　golang.org/src/time/time.go：第 781 行到第 784 行

```
781 func Now() Time {
782     sec, nsec := now()
783     return Time{sec + unixToInternal, nsec, Local}
784 }
```

代码清单 5-29 中的代码展示了 Now 函数的实现。这个函数创建了一个 Time 类型的值，并给调用者返回了 Time 值的副本。这个函数没有使用指针来共享 Time 值。之后，让我们来看一个 Time 类型的方法，如代码清单 5-30 所示。

代码清单 5-30　golang.org/src/time/time.go：第 610 行到第 622 行

```
610 func (t Time) Add(d Duration) Time {
611     t.sec += int64(d / 1e9)
612     nsec := int32(t.nsec) + int32(d%1e9)
```

```
613        if nsec >= 1e9 {
614            t.sec++
615            nsec -= 1e9
616        } else if nsec < 0 {
617            t.sec--
618            nsec += 1e9
619        }
620        t.nsec = nsec
621        return t
622 }
```

代码清单 5-30 中的 Add 方法是展示标准库如何将 Time 类型作为本质是原始的类型的绝佳例子。这个方法使用值接收者，并返回了一个新的 Time 值。该方法操作的是调用者传入的 Time 值的副本，并且给调用者返回了一个方法内的 Time 值的副本。至于是使用返回的值替换原来的 Time 值，还是创建一个新的 Time 变量来保存结果，是由调用者决定的事情。

大多数情况下，结构类型的本质并不是原始的，而是非原始的。这种情况下，对这个类型的值做增加或者删除的操作应该更改值本身。当需要修改值本身时，在程序中其他地方，需要使用指针来共享这个值。让我们看一个由标准库中实现的具有非原始本质的结构类型的例子，如代码清单 5-31 所示。

代码清单 5-31　golang.org/src/os/file_unix.go：第 15 行到第 29 行

```
15 // File 表示一个打开的文件描述符
16 type File struct {
17     *file
18 }
19
20 // file 是*File 的实际表示
21 // 额外的一层结构保证没有哪个 os 的客户端
22 // 能够覆盖这些数据。如果覆盖这些数据，
23 // 可能在变量终结时关闭错误的文件描述符
24 type file struct {
25     fd int
26     name string
27     dirinfo *dirInfo // 除了目录结构，此字段为 nil
28     nepipe int32 // Write 操作时遇到连续 EPIPE 的次数
29 }
```

可以在代码清单 5-31 里看到标准库中声明的 File 类型。这个类型的本质是非原始的。这个类型的值实际上不能安全复制。对内部未公开的类型的注释，解释了不安全的原因。因为没有方法阻止程序员进行复制，所以 File 类型的实现使用了一个嵌入的指针，指向一个未公开的类型。本章后面会继续探讨内嵌类型。正是这层额外的内嵌类型阻止了复制。不是所有的结构类型都需要或者应该实现类似的额外保护。程序员需要能识别出每个类型的本质，并使用这个本质来决定如何组织类型。

让我们看一下 Open 函数的实现，如代码清单 5-32 所示。

```
238 func Open(name string) (file *File, err error) {
239     return OpenFile(name, O_RDONLY, 0)
240 }
```

代码清单 5-32 展示了 Open 函数的实现，调用者得到的是一个指向 File 类型值的指针。
Open 创建了 File 类型的值，并返回指向这个值的指针。如果一个创建用的工厂函数返回了一
个指针，就表示这个被返回的值的本质是非原始的。

即便函数或者方法没有直接改变非原始的值的状态，依旧应该使用共享的方式传递，如代码
清单 5-33 所示。

```
224 func (f *File) Chdir() error {
225     if f == nil {
226         return ErrInvalid
227     }
228     if e := syscall.Fchdir(f.fd); e != nil {
229         return &PathError{"chdir", f.name, e}
230     }
231     return nil
232 }
```

代码清单 5-33 中的 Chdir 方法展示了，即使没有修改接收者的值，依然是用指针接收者来
声明的。因为 File 类型的值具备非原始的本质，所以总是应该被共享，而不是被复制。

是使用值接收者还是指针接收者，不应该由该方法是否修改了接收到的值来决定。这个决策
应该基于该类型的本质。这条规则的一个例外是，需要让类型值符合某个接口的时候，即便类型
的本质是非原始本质的，也可以选择使用值接收者声明方法。这样做完全符合接口值调用方法的
机制。5.4 节会讲解什么是接口值，以及使用接口值调用方法的机制。

5.4　接口

多态是指代码可以根据类型的具体实现采取不同行为的能力。如果一个类型实现了某个接
口，所有使用这个接口的地方，都可以支持这种类型的值。标准库里有很好的例子，如 io 包里
实现的流式处理接口。io 包提供了一组构造得非常好的接口和函数，来让代码轻松支持流式数
据处理。只要实现两个接口，就能利用整个 io 包背后的所有强大能力。

不过，我们的程序在声明和实现接口时会涉及很多细节。即便实现的是已有接口，也需要了
解这些接口是如何工作的。在探究接口如何工作以及实现的细节之前，我们先来看一下使用标准
库里的接口的例子。

5.4.1　标准库

我们先来看一个示例程序，这个程序实现了流行程序 curl 的功能，如代码清单 5-34 所示。

代码清单 5-34　listing34.go

```
01 // 这个示例程序展示如何使用 io.Reader 和 io.Writer 接口
02 // 写一个简单版本的 curl 程序
03 package main
04
05 import (
06     "fmt"
07     "io"
08     "net/http"
09     "os"
10 )
11
12 // init 在 main 函数之前调用
13 func init() {
14     if len(os.Args) != 2 {
15         fmt.Println("Usage: ./example2 <url>")
16         os.Exit(-1)
17     }
18 }
19
20 // main 是应用程序的入口
21 func main() {
22     // 从 Web 服务器得到响应
23     r, err := http.Get(os.Args[1])
24     if err != nil {
25         fmt.Println(err)
26         return
27     }
28
29     // 从 Body 复制到 Stdout
30     io.Copy(os.Stdout, r.Body)
31     if err := r.Body.Close(); err != nil {
32         fmt.Println(err)
33     }
34 }
```

代码清单 5-34 展示了接口的能力以及在标准库里的应用。只用了几行代码我们就通过两个函数以及配套的接口，完成了 curl 程序。在第 23 行，调用了 http 包的 Get 函数。在与服务器成功通信后，http.Get 函数会返回一个 http.Response 类型的指针。http.Response 类型包含一个名为 Body 的字段，这个字段是一个 io.ReadCloser 接口类型的值。

在第 30 行，Body 字段作为第二个参数传给 io.Copy 函数。io.Copy 函数的第二个参数，接受一个 io.Reader 接口类型的值，这个值表示数据流入的源。Body 字段实现了 io.Reader

接口，因此我们可以将 Body 字段传入 io.Copy，使用 Web 服务器的返回内容作为源。

io.Copy 的第一个参数是复制到的目标，这个参数必须是一个实现了 io.Writer 接口的值。对于这个目标，我们传入了 os 包里的一个特殊值 Stdout。这个接口值表示标准输出设备，并且已经实现了 io.Writer 接口。当我们将 Body 和 Stdout 这两个值传给 io.Copy 函数后，这个函数会把服务器的数据分成小段，源源不断地传给终端窗口，直到最后一个片段读取并写入终端，io.Copy 函数才返回。

io.Copy 函数可以以这种工作流的方式处理很多标准库里已有的类型，如代码清单 5-35 所示。

代码清单 5-35　listing35.go

```
01 // 这个示例程序展示 bytes.Buffer 也可以
02 // 用于 io.Copy 函数
03 package main
04
05 import (
06     "bytes"
07     "fmt"
08     "io"
09     "os"
10 )
11
12 // main 是应用程序的入口
13 func main() {
14     var b bytes.Buffer
15
16     // 将字符串写入 Buffer
17     b.Write([]byte("Hello"))
18
19     // 使用 Fprintf 将字符串拼接到 Buffer
20     fmt.Fprintf(&b, "World!")
21
22     // 将 Buffer 的内容写到 Stdout
23     io.Copy(os.Stdout, &b)
24 }
```

代码清单 5-35 展示了一个程序，这个程序使用接口来拼接字符串，并将数据以流的方式输出到标准输出设备。在第 14 行，创建了一个 bytes 包里的 Buffer 类型的变量 b，用于缓冲数据。之后在第 17 行使用 Write 方法将字符串 Hello 写入这个缓冲区 b。第 20 行，调用 fmt 包里的 Fprintf 函数，将第二个字符串追加到缓冲区 b 里。

fmt.Fprintf 函数接受一个 io.Writer 类型的接口值作为其第一个参数。由于 bytes.Buffer 类型的指针实现了 io.Writer 接口，所以可以将缓存 b 传入 fmt.Fprintf 函数，并执行追加操作。最后，在第 23 行，再次使用 io.Copy 函数，将字符写到终端窗口。由于 bytes.Buffer 类型的指针也实现了 io.Reader 接口，io.Copy 函数可以用于在终端窗口显示缓冲区 b 的内容。

希望这两个小程序展示出接口的好处，以及标准库内部是如何使用接口的。下一步，让我们看一下实现接口的细节。

5.4.2　实现

接口是用来定义行为的类型。这些被定义的行为不由接口直接实现，而是通过方法由用户定义的类型实现。如果用户定义的类型实现了某个接口类型声明的一组方法，那么这个用户定义的类型的值就可以赋给这个接口类型的值。这个赋值会把用户定义的类型的值存入接口类型的值。

对接口值方法的调用会执行接口值里存储的用户定义的类型的值对应的方法。因为任何用户定义的类型都可以实现任何接口，所以对接口值方法的调用自然就是一种多态。在这个关系里，用户定义的类型通常叫作实体类型，原因是如果离开内部存储的用户定义的类型的值的实现，接口值并没有具体的行为。

并不是所有值都完全等同，用户定义的类型的值或者指针要满足接口的实现，需要遵守一些规则。这些规则在 5.4.3 节介绍方法集时有详细说明。探寻方法集的细节之前，了解接口类型值大概的形式以及用户定义的类型的值是如何存入接口的，会有很多帮助。

图 5-1 展示了在 user 类型值赋值后接口变量的值的内部布局。接口值是一个两个字长度的数据结构，第一个字包含一个指向内部表的指针。这个内部表叫作 iTable，包含了所存储的值的类型信息。iTable 包含了已存储的值的类型信息以及与这个值相关联的一组方法。第二个字是一个指向所存储值的指针。将类型信息和指针组合在一起，就将这两个值组成了一种特殊的关系。

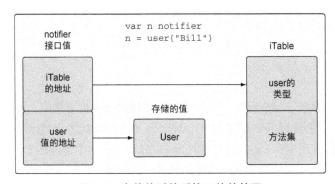

图 5-1　实体值赋值后接口值的简图

图 5-2 展示了一个指针赋值给接口之后发生的变化。在这种情况里，类型信息会存储一个指向保存的类型的指针，而接口值第二个字依旧保存指向实体值的指针。

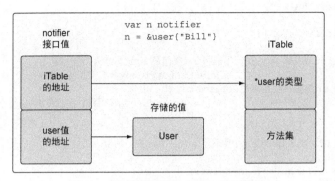

图 5-2 实体指针赋值后接口值的简图

5.4.3 方法集

方法集定义了接口的接受规则。看一下代码清单 5-36 所示的代码，有助于理解方法集在接口中的重要角色。

代码清单 5-36 listing36.go

```go
01 // 这个示例程序展示 Go 语言里如何使用接口
02 package main
03
04 import (
05     "fmt"
06 )
07
08 // notifier 是一个定义了
09 // 通知类行为的接口
10 type notifier interface {
11     notify()
12 }
13
14 // user 在程序里定义一个用户类型
15 type user struct {
16     name  string
17     email string
18 }
19
20 // notify 是使用指针接收者实现的方法
21 func (u *user) notify() {
22     fmt.Printf("Sending user email to %s<%s>\n",
23         u.name,
24         u.email)
25 }
26
27 // main 是应用程序的入口
28 func main() {
29     // 创建一个 user 类型的值，并发送通知
```

```
30      u := user{"Bill", "bill@email.com"}
31
32      sendNotification(u)
33
34      // ./listing36.go:32: 不能将 u（类型是 user）作为
35      //                     sendNotification 的参数类型 notifier:
36      //    user 类型并没有实现 notifier
37      //                        (notify 方法使用指针接收者声明）
38  }
39
40  // sendNotification 接受一个实现了 notifier 接口的值
41  // 并发送通知
42  func sendNotification(n notifier) {
43      n.notify()
44  }
```

代码清单 5-36 中的程序虽然看起来没问题，但实际上却无法通过编译。在第 10 行中，声明了一个名为 notifier 的接口，包含一个名为 notify 的方法。第 15 行中，声明了名为 user 的实体类型，并通过第 21 行中的方法声明实现了 notifier 接口。这个方法是使用 user 类型的指针接收者实现的。

代码清单 5-37　listing36.go：第 40 行到第 44 行

```
40  // sendNotification 接受一个实现了 notifier 接口的值
41  // 并发送通知
42  func sendNotification(n notifier) {
43      n.notify()
44  }
```

在代码清单 5-37 的第 42 行，声明了一个名为 sendNotification 的函数。这个函数接收一个 notifier 接口类型的值。之后，使用这个接口值来调用 notify 方法。任何一个实现了 notifier 接口的值都可以传入 sendNotification 函数。现在让我们来看一下 main 函数，如代码清单 5-38 所示。

代码清单 5-38　listing36.go：第 28 行到第 38 行

```
28  func main() {
29      // 创建一个 user 类型的值，并发送通知
30      u := user{"Bill", "bill@email.com"}
31
32      sendNotification(u)
33
34      // ./listing36.go:32: 不能将 u（类型是 user）作为
35      //                     sendNotification 的参数类型 notifier:
36      //    user 类型并没有实现 notifier
37      //                        (notify 方法使用指针接收者声明）
38  }
```

在 main 函数里，代码清单 5-38 的第 30 行，创建了一个 user 实体类型的值，并将其赋值给变量 u。之后在第 32 行将 u 的值传入 sendNotification 函数。不过，调用 sendNotification

的结果是产生了一个编译错误，如代码清单 5-39 所示。

代码清单 5-39 将 user 类型的值存入接口值时产生的编译错误

./listing36.go:32: 不能将 u（类型是 user）作为 sendNotification 的参数类型 notifier：
　user 类型并没有实现 notifier（notify 方法使用指针接收者声明）

既然 user 类型已经在第 21 行实现了 notify 方法，为什么这里还是产生了编译错误呢？让我们再来看一下那段代码，如代码清单 5-40 所示。

代码清单 5-40 listing36.go：第 08 行到第 12 行，第 21 行到第 25 行

```
08 // notifier 是一个定义了
09 // 通知类行为的接口
10 type notifier interface {
11     notify()
12 }

21 func (u *user) notify() {
22     fmt.Printf("Sending user email to %s<%s>\n",
23         u.name,
24         u.email)
25 }
```

代码清单 5-40 展示了接口是如何实现的，而编译器告诉我们 user 类型的值并没有实现这个接口。如果仔细看一下编译器输出的消息，其实编译器已经说明了原因，如代码清单 5-41 所示。

代码清单 5-41 进一步查看编译器错误

(notify method has pointer receiver)

要了解用指针接收者来实现接口时为什么 user 类型的值无法实现该接口，需要先了解方法集。方法集定义了一组关联到给定类型的值或者指针的方法。定义方法时使用的接收者的类型决定了这个方法是关联到值，还是关联到指针，还是两个都关联。

让我们先解释一下 Go 语言规范里定义的方法集的规则，如代码清单 5-42 所示。

代码清单 5-42 规范里描述的方法集

```
Values                  Methods Receivers
-------------------------------------------------
    T                   (t T)
   *T                   (t T) and (t *T)
```

代码清单 5-42 展示了规范里对方法集的描述。描述中说到，T 类型的值的方法集只包含值接收者声明的方法。而指向 T 类型的指针的方法集既包含值接收者声明的方法，也包含指针接收者声明的方法。从值的角度看这些规则，会显得很复杂。让我们从接收者的角度来看一下这些规则，如代码清单 5-43 所示。

代码清单 5-43　从接收者类型的角度来看方法集

```
Methods Receivers     Values
-----------------------------------------------
   (t T)                 T and *T
   (t *T)                *T
```

代码清单 5-43 展示了同样的规则，只不过换成了接收者的视角。这个规则说，如果使用指针接收者来实现一个接口，那么只有指向那个类型的指针才能够实现对应的接口。如果使用值接收者来实现一个接口，那么那个类型的值和指针都能够实现对应的接口。现在再看一下代码清单 5-36 所示的代码，就能理解出现编译错误的原因了，如代码清单 5-44 所示。

代码清单 5-44　listing36.go：第 28 行到第 38 行

```
28 func main() {
29     // 使用 user 类型创建一个值，并发送通知
30     u := user{"Bill", "bill@email.com"}
31
32     sendNotification(u)
33
34     // ./listing36.go:32: 不能将 u（类型是 user）作为
35     //                    sendNotification 的参数类型 notifier:
36     //   user 类型并没有实现 notifier
37     //                        （notify 方法使用指针接收者声明）
38 }
```

我们使用指针接收者实现了接口，但是试图将 user 类型的值传给 sendNotification 方法。代码清单 5-44 的第 30 行和第 32 行清晰地展示了这个问题。但是，如果传递的是 user 值的地址，整个程序就能通过编译，并且能够工作了，如代码清单 5-45 所示。

代码清单 5-45　listing36.go：第 28 行到第 35 行

```
28 func main() {
29     // 使用 user 类型创建一个值，并发送通知
30     u := user{"Bill", "bill@email.com"}
31
32     sendNotification(&u)
33
34     // 传入地址，不再有错误
35 }
```

在代码清单 5-45 里，这个程序终于可以编译并且运行。因为使用指针接收者实现的接口，只有 user 类型的指针可以传给 sendNotification 函数。

现在的问题是，为什么会有这种限制？事实上，编译器并不是总能自动获得一个值的地址，如代码清单 5-46 所示。

代码清单 5-46　listing46.go

```
01 // 这个示例程序展示不是总能
02 // 获取值的地址
```

```
03 package main
04
05 import "fmt"
06
07 // duration 是一个基于 int 类型的类型
08 type duration int
09
10 // 使用更可读的方式格式化 duration 值
11 func (d *duration) pretty() string {
12     return fmt.Sprintf("Duration: %d", *d)
13 }
14
15 // main 是应用程序的入口
16 func main() {
17     duration(42).pretty()
18
19     // ./listing46.go:17: 不能通过指针调用 duration(42) 的方法
20     // ./listing46.go:17: 不能获取 duration(42) 的地址
21 }
```

代码清单 5-46 所示的代码试图获取 duration 类型的值的地址，但是获取不到。这展示了不能总是获得值的地址的一种情况。让我们再看一下方法集的规则，如代码清单 5-47 所示。

```
Values                  Methods Receivers
------------------------------------------------
   T                     (t T)
  *T                     (t T) and (t *T)

 Methods Receivers       Values
------------------------------------------------
  (t T)                   T and *T
  (t *T)                  *T
```

因为不是总能获取一个值的地址，所以值的方法集只包括了使用值接收者实现的方法。

5.4.4　多态

现在了解了接口和方法集背后的机制，最后来看一个展示接口的多态行为的例子，如代码清单 5-48 所示。

```
01 // 这个示例程序使用接口展示多态行为
02 package main
03
04 import (
05     "fmt"
06 )
07
```

```
08 // notifier 是一个定义了
09 // 通知类行为的接口
10 type notifier interface {
11     notify()
12 }
13
14 // user 在程序里定义一个用户类型
15 type user struct {
16     name  string
17     email string
18 }
19
20 // notify 使用指针接收者实现了 notifier 接口
21 func (u *user) notify() {
22     fmt.Printf("Sending user email to %s<%s>\n",
23         u.name,
24         u.email)
25 }
26
27 // admin 定义了程序里的管理员
28 type admin struct {
29     name  string
30     email string
31 }
32
33 // notify 使用指针接收者实现了 notifier 接口
34 func (a *admin) notify() {
35     fmt.Printf("Sending admin email to %s<%s>\n",
36         a.name,
37         a.email)
38 }
39
40 // main 是应用程序的入口
41 func main() {
42     // 创建一个 user 值并传给 sendNotification
43     bill := user{"Bill", "bill@email.com"}
44     sendNotification(&bill)
45
46     // 创建一个 admin 值并传给 sendNotification
47     lisa := admin{"Lisa", "lisa@email.com"}
48     sendNotification(&lisa)
49 }
50
51 // sendNotification 接受一个实现了 notifier 接口的值
52 // 并发送通知
53 func sendNotification(n notifier) {
54     n.notify()
55 }
```

　　在代码清单 5-48 中，我们有了一个展示接口的多态行为的例子。在第 10 行，我们声明了和之前代码清单中一样的 notifier 接口。之后第 15 行到第 25 行，我们声明了一个名为 user 的结构，并使用指针接收者实现了 notifier 接口。在第 28 行到第 38 行，我们声明了一个名为 admin 的结构，用同样的形式实现了 notifier 接口。现在，有两个实体类型实现了 notifier 接口。

在第 53 行中，我们再次声明了多态函数 sendNotification，这个函数接收一个实现了 notifier 接口的值作为参数。既然任意一个实体类型都能实现该接口，那么这个函数可以针对任意实体类型的值来执行 notifier 方法。因此，这个函数就能提供多态的行为，如代码清单 5-49 所示。

代码清单 5-49　listing48.go：第 40 行到第 49 行

```
40 // main 是应用程序的入口
41 func main() {
42     // 创建一个 user 值并传给 sendNotification
43     bill := user{"Bill", "bill@email.com"}
44     sendNotification(&bill)
45
46     // 创建一个 admin 值并传给 sendNotification
47     lisa := admin{"Lisa", "lisa@email.com"}
48     sendNotification(&lisa)
49 }
```

最后，可以在代码清单 5-49 中看到这种多态的行为。main 函数的第 43 行创建了一个 user 类型的值，并在第 44 行将该值的地址传给了 sendNotification 函数。这最终会导致执行 user 类型声明的 notify 方法。之后，在第 47 行和第 48 行，我们对 admin 类型的值做了同样的事情。最终，因为 sendNotification 接收 notifier 类型的接口值，所以这个函数可以同时执行 user 和 admin 实现的行为。

5.5　嵌入类型

Go 语言允许用户扩展或者修改已有类型的行为。这个功能对代码复用很重要，在修改已有类型以符合新类型的时候也很重要。这个功能是通过嵌入类型（type embedding）完成的。嵌入类型是将已有的类型直接声明在新的结构类型里。被嵌入的类型被称为新的外部类型的内部类型。

通过嵌入类型，与内部类型相关的标识符会提升到外部类型上。这些被提升的标识符就像直接声明在外部类型里的标识符一样，也是外部类型的一部分。这样外部类型就组合了内部类型包含的所有属性，并且可以添加新的字段和方法。外部类型也可以通过声明与内部类型标识符同名的标识符来覆盖内部标识符的字段或者方法。这就是扩展或者修改已有类型的方法。

让我们通过一个示例程序来演示嵌入类型的基本用法，如代码清单 5-50 所示。

代码清单 5-50　listing50.go

```
01 // 这个示例程序展示如何将一个类型嵌入另一个类型，以及
02 // 内部类型和外部类型之间的关系
03 package main
```

```
04
05 import (
06     "fmt"
07 )
08
09 // user 在程序里定义一个用户类型
10 type user struct {
11     name  string
12     email string
13 }
14
15 // notify 实现了一个可以通过 user 类型值的指针
16 // 调用的方法
17 func (u *user) notify() {
18     fmt.Printf("Sending user email to %s<%s>\n",
19         u.name,
20         u.email)
21 }
22
23 // admin 代表一个拥有权限的管理员用户
24 type admin struct {
25     user  // 嵌入类型
26     level string
27 }
28
29 // main 是应用程序的入口
30 func main() {
31     // 创建一个 admin 用户
32     ad := admin{
33         user: user{
34             name:  "john smith",
35             email: "john@yahoo.com",
36         },
37         level: "super",
38     }
39
40     // 我们可以直接访问内部类型的方法
41     ad.user.notify()
42
43     // 内部类型的方法也被提升到外部类型
44     ad.notify()
45 }
```

在代码清单 5-50 中，我们的程序演示了如何嵌入一个类型，并访问嵌入类型的标识符。我们从第 10 行和第 24 行中的两个结构类型的声明开始，如代码清单 5-51 所示。

代码清单 5-51　listing50.go：第 09 行到第 13 行，第 23 行到第 27 行

```
09 // user 在程序里定义一个用户类型
10 type user struct {
11     name  string
12     email string
13 }
```

```
23 // admin 代表一个拥有权限的管理员用户
24 type admin struct {
25     user // 嵌入类型
26     level string
27 }
```

在代码清单 5-51 的第 10 行，我们声明了一个名为 user 的结构类型。在第 24 行，我们声明了另一个名为 admin 的结构类型。在声明 admin 类型的第 25 行，我们将 user 类型嵌入 admin 类型里。要嵌入一个类型，只需要声明这个类型的名字就可以了。在第 26 行，我们声明了一个名为 level 的字段。注意声明字段和嵌入类型在语法上的不同。

一旦我们将 user 类型嵌入 admin，我们就可以说 user 是外部类型 admin 的内部类型。有了内部类型和外部类型这两个概念，就能更容易地理解这两种类型之间的关系。

代码清单 5-52 展示了使用 user 类型的指针接收者声明名为 notify 的方法。这个方法只是显示一行友好的信息，表示将邮件发给了特定的用户以及邮件地址。

代码清单 5-52   listing50.go：第 15 行到第 21 行

```
15 // notify 实现了一个可以通过 user 类型值的指针
16 // 调用的方法
17 func (u *user) notify() {
18     fmt.Printf("Sending user email to %s<%s>\n",
19         u.name,
20         u.email)
21 }
```

现在，让我们来看一下 main 函数，如代码清单 5-53 所示。

代码清单 5-53   listing50.go：第 30 行到第 45 行

```
30 func main() {
31     // 创建一个 admin 用户
32     ad := admin{
33         user: user{
34             name: "john smith",
35             email: "john@yahoo.com",
36         },
37         level: "super",
38     }
39
40     // 我们可以直接访问内部类型的方法
41     ad.user.notify()
42
43     // 内部类型的方法也被提升到外部类型
44     ad.notify()
45 }
```

代码清单 5-53 中的 main 函数展示了嵌入类型背后的机制。在第 32 行，创建了一个 admin 类型的值。内部类型的初始化是用结构字面量完成的。通过内部类型的名字可以访问内部类型，如代码清单 5-54 所示。对外部类型来说，内部类型总是存在的。这就意味着，虽然没有指定内部类型对应的字段名，还是可以使用内部类型的类型名，来访问到内部类型的值。

代码清单 5-54　listing50.go：第 40 行到第 41 行

```
40    // 我们可以直接访问内部类型的方法
41    ad.user.notify()
```

在代码清单 5-54 中第 41 行，可以看到对 notify 方法的调用。这个调用是通过直接访问内部类型 user 来完成的。这展示了内部类型是如何存在于外部类型内，并且总是可访问的。不过，借助内部类型提升，notify 方法也可以直接通过 ad 变量来访问，如代码清单 5-55 所示。

代码清单 5-55　listing50.go：第 43 行到第 45 行

```
43    // 内部类型的方法也被提升到外部类型
44    ad.notify()
45 }
```

代码清单 5-55 的第 44 行中展示了直接通过外部类型的变量来调用 notify 方法。由于内部类型的标识符提升到了外部类型，我们可以直接通过外部类型的值来访问内部类型的标识符。让我们修改一下这个例子，加入一个接口，如代码清单 5-56 所示。

代码清单 5-56　listing56.go

```
01 // 这个示例程序展示如何将嵌入类型应用于接口
02 package main
03
04 import (
05     "fmt"
06 )
07
08 // notifier 是一个定义了
09 // 通知类行为的接口
10 type notifier interface {
11     notify()
12 }
13
14 // user 在程序里定义一个用户类型
15 type user struct {
16     name  string
17     email string
18 }
19
20 // 通过 user 类型值的指针
21 // 调用的方法
22 func (u *user) notify() {
23     fmt.Printf("Sending user email to %s<%s>\n",
24     u.name,
25     u.email)
26 }
```

```
27
28 // admin 代表一个拥有权限的管理员用户
29 type admin struct {
30     user
31     level string
32 }
33
34 // main 是应用程序的入口
35 func main() {
36     // 创建一个 admin 用户
37     ad := admin{
38         user: user{
39             name:  "john smith",
40             email: "john@yahoo.com",
41         },
42         level: "super",
43     }
44
45     // 给 admin 用户发送一个通知
46     // 用于实现接口的内部类型的方法，被提升到
47     // 外部类型
48     sendNotification(&ad)
49 }
50
51 // sendNotification 接受一个实现了 notifier 接口的值
52 // 并发送通知
53 func sendNotification(n notifier) {
54     n.notify()
55 }
```

代码清单 5-56 所示的示例程序的大部分和之前的程序相同，只有一些小变化，如代码清单 5-57 所示。

代码清单 5-57　第 08 行到第 12 行，第 51 行到第 55 行

```
08 // notifier 是一个定义了
09 // 通知类行为的接口
10 type notifier interface {
11     notify()
12 }

51 // sendNotification 接受一个实现了 notifier 接口的值
52 // 并发送通知
53 func sendNotification(n notifier) {
54     n.notify()
55 }
```

在代码清单 5-57 的第 08 行，声明了一个 notifier 接口。之后在第 53 行，有一个 sendNotification 函数，接受 notifier 类型的接口的值。从代码可以知道，user 类型之前声明了名为 notify 的方法，该方法使用指针接收者实现了 notifier 接口。之后，让我们看一下 main 函数的改动，如代码清单 5-58 所示。

代码清单 5-58　listing56.go：第 35 行到第 49 行

```
35 func main() {
36     // 创建一个 admin 用户
37     ad := admin{
38         user: user{
39             name: "john smith",
40             email: "john@yahoo.com",
41         },
42         level: "super",
43     }
44
45     // 给 admin 用户发送一个通知
46     // 用于实现接口的内部类型的方法，被提升到
47     // 外部类型
48     sendNotification(&ad)
49 }
```

这里才是事情变得有趣的地方。在代码清单 5-58 的第 37 行，我们创建了一个名为 ad 的变量，其类型是外部类型 admin。这个类型内部嵌入了 user 类型。之后第 48 行，我们将这个外部类型变量的地址传给 sendNotification 函数。编译器认为这个指针实现了 notifier 接口，并接受了这个值的传递。不过如果看一下整个示例程序，就会发现 admin 类型并没有实现这个接口。

由于内部类型的提升，内部类型实现的接口会自动提升到外部类型。这意味着由于内部类型的实现，外部类型也同样实现了这个接口。运行这个示例程序，会得到代码清单 5-59 所示的输出。

代码清单 5-59　listing56.go 的输出

```
20 // 通过 user 类型值的指针
21 // 调用的方法
22 func (u *user) notify() {
23     fmt.Printf("Sending user email to %s<%s>\n",
24         u.name,
25         u.email)
26 }

Output:
Sending user email to john smith<john@yahoo.com>
```

可以在代码清单 5-59 中看到内部类型的实现被调用。

如果外部类型并不需要使用内部类型的实现，而想使用自己的一套实现，该怎么办？让我们看另一个示例程序是如何解决这个问题的，如代码清单 5-60 所示。

代码清单 5-60　listing60.go

```
01 // 这个示例程序展示当内部类型和外部类型要
02 // 实现同一个接口时的做法
03 package main
```

```
04
05 import (
06     "fmt"
07 )
08
08 // notifier 是一个定义了
09 // 通知类行为的接口
11 type notifier interface {
12     notify()
13 }
14
15 // user 在程序里定义一个用户类型
16 type user struct {
17     name  string
18     email string
19 }
20
21 // 通过 user 类型值的指针
22 // 调用的方法
23 func (u *user) notify() {
24     fmt.Printf("Sending user email to %s<%s>\n",
25         u.name,
26         u.email)
27 }
28
29 // admin 代表一个拥有权限的管理员用户
30 type admin struct {
31     user
32     level string
33 }
34
35 // 通过 admin 类型值的指针
36 // 调用的方法
37 func (a *admin) notify() {
38     fmt.Printf("Sending admin email to %s<%s>\n",
39         a.name,
40         a.email)
41 }
42
43 // main 是应用程序的入口
44 func main() {
45     // 创建一个 admin 用户
46     ad := admin{
47         user: user{
48             name:  "john smith",
49             email: "john@yahoo.com",
50         },
51         level: "super",
52     }
53
54     // 给 admin 用户发送一个通知
55     // 接口的嵌入的内部类型实现并没有提升到
56     // 外部类型
57     sendNotification(&ad)
```

```
58
59     // 我们可以直接访问内部类型的方法
60     ad.user.notify()
61
62     // 内部类型的方法没有被提升
63     ad.notify()
64 }
65
66 // sendNotification 接受一个实现了 notifier 接口的值
67 // 并发送通知
68 func sendNotification(n notifier) {
69     n.notify()
70 }
```

代码清单 5-60 所示的示例程序的大部分和之前的程序相同，只有一些小变化，如代码清单 5-61 所示。

代码清单 5-61　listing60.go：第 35 行到第 41 行

```
35 // 通过 admin 类型值的指针
36 // 调用的方法
37 func (a *admin) notify() {
38     fmt.Printf("Sending admin email to %s<%s>\n",
39         a.name,
40         a.email)
41 }
```

这个示例程序为 admin 类型增加了 notifier 接口的实现。当 admin 类型的实现被调用时，会显示"Sending admin email"。作为对比，user 类型的实现被调用时，会显示"Sending user email"。

main 函数里也有一些变化，如代码清单 5-62 所示。

代码清单 5-62　listing60.go：第 43 行到第 64 行

```
43 // main 是应用程序的入口
44 func main() {
45     // 创建一个 admin 用户
46     ad := admin{
47         user: user{
48             name:  "john smith",
49             email: "john@yahoo.com",
50         },
51         level: "super",
52     }
53
54     // 给 admin 用户发送一个通知
55     // 接口的嵌入的内部类型实现并没有提升到
56     // 外部类型
57     sendNotification(&ad)
58
59     // 我们可以直接访问内部类型的方法
```

```
60      ad.user.notify()
61
62      // 内部类型的方法没有被提升
63      ad.notify()
64 }
```

代码清单 5-62 的第 46 行，我们再次创建了外部类型的变量 ad。在第 57 行，将 ad 变量的地址传给 sendNotification 函数，这个指针实现了接口所需要的方法集。在第 60 行，代码直接访问 user 内部类型，并调用 notify 方法。最后，在第 63 行，使用外部类型变量 ad 来调用 notify 方法。当查看这个示例程序的输出（如代码清单 5-63 所示）时，就会看到区别。

代码清单 5-63　listing60.go 的输出

```
Sending admin email to john smith<john@yahoo.com>
Sending user email to john smith<john@yahoo.com>
Sending admin email to john smith<john@yahoo.com>
```

这次我们看到了 admin 类型是如何实现 notifier 接口的，以及如何由 sendNotification 函数以及直接使用外部类型的变量 ad 来执行 admin 类型实现的方法。这表明，如果外部类型实现了 notify 方法，内部类型的实现就不会被提升。不过内部类型的值一直存在，因此还可以通过直接访问内部类型的值，来调用没有被提升的内部类型实现的方法。

5.6　公开或未公开的标识符

要想设计出好的 API，需要使用某种规则来控制声明后的标识符的可见性。Go 语言支持从包里公开或者隐藏标识符。通过这个功能，让用户能按照自己的规则控制标识符的可见性。在第 3 章讨论包的时候，谈到了如何从一个包引入标识符到另一个包。有时候，你可能不希望公开包里的某个类型、函数或者方法这样的标识符。在这种情况，需要一种方法，将这些标识符声明为包外不可见，这时需要将这些标识符声明为未公开的。

让我们用一个示例程序来演示如何隐藏包里未公开的标识符，如代码清单 5-64 所示。

代码清单 5-64　listing64/

```
counters/counters.go
-----------------------------------------------------------------
01 // counters 包提供告警计数器的功能
02 package counters
03
04 // alertCounter 是一个未公开的类型
05 // 这个类型用于保存告警计数
06 type alertCounter int

listing64.go
-----------------------------------------------------------------
01 // 这个示例程序展示无法从另一个包里
02 // 访问未公开的标识符
```

```
03 package main
04
05 import (
06     "fmt"
07
08     "github.com/goinaction/code/chapter5/listing64/counters"
09 )
10
11 // main 是应用程序的入口
12 func main() {
13     // 创建一个未公开的类型的变量
14     // 并将其初始化为 10
15     counter := counters.alertCounter(10)
16
17     // ./listing64.go:15: 不能引用未公开的名字
18     //                    counters.alertCounter
19     // ./listing64.go:15: 未定义: counters.alertCounter
20
21     fmt.Printf("Counter: %d\n", counter)
22 }
```

这个示例程序有两个代码文件。一个代码文件名字为 counters.go，保存在 counters 包里；另一个代码文件名字为 listing64.go，导入了 counters 包。让我们先从 counters 包里的代码开始，如代码清单 5-65 所示。

代码清单 5-65　counters/counters.go

```
01 // counters 包提供告警计数器的功能
02 package counters
03
04 // alertCounter 是一个未公开的类型
05 // 这个类型用于保存告警计数
06 type alertCounter int
```

代码清单 5-65 展示了只属于 counters 包的代码。你可能会首先注意到第 02 行。直到现在，之前所有的示例程序都使用了 package main，而这里用到的是 package counters。当要写的代码属于某个包时，好的实践是使用与代码所在文件夹一样的名字作为包名。所有的 Go 工具都会利用这个习惯，所以最好遵守这个好的实践。

在 counters 包里，我们在第 06 行声明了唯一一个名为 alertCounter 的标识符。这个标识符是一个使用 int 作为基础类型的类型。需要注意的是，这是一个未公开的标识符。

当一个标识符的名字以小写字母开头时，这个标识符就是未公开的，即包外的代码不可见。如果一个标识符以大写字母开头，这个标识符就是公开的，即被包外的代码可见。让我们看一下导入这个包的代码，如代码清单 5-66 所示。

代码清单 5-66　listing64.go

```
01 // 这个示例程序展示无法从另一个包里
02 // 访问未公开的标识符
```

```
03 package main
04
05 import (
06     "fmt"
07
08     "github.com/goinaction/code/chapter5/listing64/counters"
09 )
10
11 // main 是应用程序的入口
12 func main() {
13     // 创建一个未公开的类型的变量
14     // 并将其初始化为 10
15     counter := counters.alertCounter(10)
16
17     // ./listing64.go:15：不能引用未公开的名字
18     //                                        counters.alertCounter
19     // ./listing64.go:15：未定义：counters.alertCounter
20
21     fmt.Printf("Counter: %d\n", counter)
22 }
```

代码清单 5-66 中的 listing64.go 的代码在第 03 行声明了 main 包，之后在第 08 行导入了 counters 包。在这之后，我们跳到 main 函数里的第 15 行，如代码清单 5-67 所示。

代码清单 5-67　listing64.go：第 13 到 19 行

```
13     // 创建一个未公开的类型的变量
14     // 并将其初始化为 10
15     counter := counters.alertCounter(10)
16
17     // ./listing64.go:15：不能引用未公开的名字
18     //                                        counters.alertCounter
19     // ./listing64.go:15：未定义：counters.alertCounter
```

在代码清单 5-67 的第 15 行，代码试图创建未公开的 alertCounter 类型的值。不过这段代码会造成第 15 行展示的编译错误，这个编译错误表明第 15 行的代码无法引用 counters.alertCounter 这个未公开的标识符。这个标识符是未定义的。

由于 counters 包里的 alertCounter 类型是使用小写字母声明的，所以这个标识符是未公开的，无法被 listing64.go 的代码访问。如果我们把这个类型改为用大写字母开头，那么就不会产生编译器错误。让我们看一下新的示例程序，如代码清单 5-68 所示，这个程序在 counters 包里实现了工厂函数。

代码清单 5-68　listing68/

```
counters/counters.go
-----------------------------------------------------------------------
01 // counters 包提供告警计数器的功能
02 package counters
03
04 // alertCounter 是一个未公开的类型
```

```
05   // 这个类型用于保存告警计数
06   type alertCounter int
07
08   // New 创建并返回一个未公开的
09   // alertCounter 类型的值
10   func New(value int) alertCounter {
11       return alertCounter(value)
12   }
```

listing68.go

```
01   // 这个示例程序展示如何访问另一个包的未公开的
02   // 标识符的值
03   package main
04
05   import (
06       "fmt"
07
08       "github.com/goinaction/code/chapter5/listing68/counters"
09   )
10
11   // main 是应用程序的入口
12   func main() {
13       // 使用 counters 包公开的 New 函数来创建
14       // 一个未公开的类型的变量
15       counter := counters.New(10)
16
17       fmt.Printf("Counter: %d\n", counter)
18   }
```

这个例子已经修改为使用工厂函数来创建一个未公开的 alertCounter 类型的值。让我们先看一下 counters 包的代码，如代码清单 5-69 所示。

代码清单 5-69　counters/counters.go

```
01   // counters 包提供告警计数器的功能
02   package counters
03
04   // alertCounter 是一个未公开的类型
05   // 这个类型用于保存告警计数
06   type alertCounter int
07
08   // New 创建并返回一个未公开的
09   // alertCounter 类型的值
10   func New(value int) alertCounter {
11       return alertCounter(value)
12   }
```

代码清单 5-69 展示了我们对 counters 包的改动。alertCounter 类型依旧是未公开的，不过现在在第 10 行增加了一个名为 New 的新函数。将工厂函数命名为 New 是 Go 语言的一个习惯。这个 New 函数做了些有意思的事情：它创建了一个未公开的类型的值，并将这个值返回给调用者。让我们看一下 listing68.go 的 main 函数，如代码清单 5-70 所示。

代码清单 5-70　listing68.go

```
11  // main 是应用程序的入口
12  func main() {
13      // 使用 counters 包公开的 New 函数来创建
14      // 一个未公开的类型的变量
15      counter := counters.New(10)
16
17      fmt.Printf("Counter: %d\n", counter)
18  }
```

在代码清单 5-70 的第 15 行，可以看到对 counters 包里 New 函数的调用。这个 New 函数返回的值被赋给一个名为 counter 的变量。这个程序可以编译并且运行，但为什么呢？ New 函数返回的是一个未公开的 alertCounter 类型的值，而 main 函数能够接受这个值并创建一个未公开的类型的变量。

要让这个行为可行，需要两个理由。第一，标识符才有公开或者未公开的属性，值没有。第二，短变量声明操作符，有能力捕获引用的类型，并创建一个未公开的类型的变量。永远不能显式创建一个未公开的类型的变量，不过短变量声明操作符可以这么做。

让我们看一个新例子，这个例子展示了这些可见的规则是如何影响到结构里的字段，如代码清单 5-71 所示。

代码清单 5-71　listing71/

```
entities/entities.go
-----------------------------------------------------------------------
01  // entities 包包含系统中
02  // 与人有关的类型
03  package entities
04
05  // User 在程序里定义一个用户类型
06  type User struct {
07      Name   string
08      email  string
09  }

listing71.go
-----------------------------------------------------------------------
01  // 这个示例程序展示公开的结构类型中未公开的字段
02  // 无法直接访问
03  package main
04
05  import (
06      "fmt"
07
08      "github.com/goinaction/code/chapter5/listing71/entities"
09  )
10
```

```
11  // main 是应用程序的入口
12  func main() {
13      // 创建 entities 包中的 User 类型的值
14      u := entities.User{
15          Name:  "Bill",
16          email: "bill@email.com",
17      }
18
19      // ./example69.go:16: 结构字面量中结构 entities.User
20      //                   的字段'email'未知
21
22      fmt.Printf("User: %v\n", u)
23  }
```

代码清单 5-71 中的代码有一些微妙的变化。现在我们有一个名为 entities 的包，声明了名为 User 的结构类型，如代码清单 5-72 所示。

代码清单 5-72　entities/entities.go

```
01  // entities 包包含系统中
02  // 与人有关的类型
03  package entities
04
05  // User 在程序里定义一个用户类型
06  type User struct {
07      Name  string
08      email string
09  }
```

代码清单 5-72 的第 06 行中的 User 类型被声明为公开的类型。User 类型里声明了两个字段，一个名为 Name 的公开的字段，一个名为 email 的未公开的字段。让我们看一下 listing71.go 的代码，如代码清单 5-73 所示。

代码清单 5-73　listing71.go

```
01  // 这个示例程序展示公开的结构类型中未公开的字段
02  // 无法直接访问
03  package main
04
05  import (
06      "fmt"
07
08      "github.com/goinaction/code/chapter5/listing71/entities"
09  )
10
11  // main 是程序的入口
12  func main() {
13      // 创建 entities 包中的 User 类型的值
14      u := entities.User{
15          Name:  "Bill",
16          email: "bill@email.com",
17      }
```

```
18
19    // ./example69.go:16: 结构字面量中结构 entities.User
20    //                    的字段'email'未知
21
22    fmt.Printf("User: %v\n", u)
23 }
```

代码清单 5-73 的第 08 行导入了 entities 包。在第 14 行声明了 entities 包中的公开的
类型 User 的名为 u 的变量，并对该字段做了初始化。不过这里有一个问题。第 16 行的代码试
图初始化未公开的字段 email，所以编译器抱怨这是个未知的字段。因为 email 这个标识符未
公开，所以它不能在 entities 包外被访问。

让我们看最后一个例子，这个例子展示了公开和未公开的内嵌类型是如何工作的，如代码清
单 5-74 所示。

代码清单 5-74　listing74/

```
entities/entities.go
---------------------------------------------------------------
01  // entities 包包含系统中
02  // 与人有关的类型
03  package entities
04
05  // user 在程序里定义一个用户类型
06  type user struct {
07      Name  string
08      Email string
09  }
10
11  // Admin 在程序里定义了管理员
12  type Admin struct {
13      user    // 嵌入的类型是未公开的
14      Rights int
15  }


listing74.go
---------------------------------------------------------------
01  // 这个示例程序展示公开的结构类型中如何访问
02  // 未公开的内嵌类型的例子
03  package main
04
05  import (
06      "fmt"
07
08      "github.com/goinaction/code/chapter5/listing74/entities"
09  )
10
11  // main 是应用程序的入口
12  func main() {
13      // 创建 entities 包中的 Admin 类型的值
14      a := entities.Admin{
```

```
15            Rights: 10,
16      }
17
18      // 设置未公开的内部类型的
19      // 公开字段的值
20      a.Name = "Bill"
21      a.Email = "bill@email.com"
22
23      fmt.Printf("User: %v\n", a)
24 }
```

现在，在代码清单 5-74 里，entities 包包含两个结构类型，如代码清单 5-75 所示。

代码清单 5-75　entities/entities.go

```
01 // entities 包包含系统中
02 // 与人有关的类型
03 package entities
04
05 // user 在程序里定义一个用户类型
06 type user struct {
07      Name  string
08      Email string
09 }
10
11 // Admin 在程序里定义了管理员
12 type Admin struct {
13      user   // 嵌入的类型未公开
14      Rights int
15 }
```

在代码清单 5-75 的第 06 行，声明了一个未公开的结构类型 user。这个类型包括两个公开的字段 Name 和 Email。在第 12 行，声明了一个公开的结构类型 Admin。Admin 有一个名为 Rights 的公开的字段，而且嵌入一个未公开的 user 类型。让我们看一下 listing74.go 的 main 函数，如代码清单 5-76 所示。

代码清单 5-76　listing74.go：第 11 到 24 行

```
11 // main 是应用程序的入口
12 func main() {
13      // 创建 entities 包中的 Admin 类型的值
14      a := entities.Admin{
15          Rights: 10,
16      }
17
18      // 设置未公开的内部类型的
19      // 公开字段的值
20      a.Name = "Bill"
21      a.Email = "bill@email.com"
22
23      fmt.Printf("User: %v\n", a)
24 }
```

让我们从代码清单 5-76 的第 14 行的 main 函数开始。这个函数创建了 entities 包中的 Admin 类型的值。由于内部类型 user 是未公开的，这段代码无法直接通过结构字面量的方式初始化该内部类型。不过，即便内部类型是未公开的，内部类型里声明的字段依旧是公开的。既然内部类型的标识符提升到了外部类型，这些公开的字段也可以通过外部类型的字段的值来访问。

因此，在第 20 行和第 21 行，来自未公开的内部类型的字段 Name 和 Email 可以通过外部类型的变量 a 被访问并被初始化。因为 user 类型是未公开的，所以这里没有直接访问内部类型。

5.7 小结

- 使用关键字 struct 或者通过指定已经存在的类型，可以声明用户定义的类型。
- 方法提供了一种给用户定义的类型增加行为的方式。
- 设计类型时需要确认类型的本质是原始的，还是非原始的。
- 接口是声明了一组行为并支持多态的类型。
- 嵌入类型提供了扩展类型的能力，而无需使用继承。
- 标识符要么是从包里公开的，要么是在包里未公开的。

第6章 并发

本章主要内容
- 使用 goroutine 运行程序
- 检测并修正竞争状态
- 利用通道共享数据

通常程序会被编写为一个顺序执行并完成一个独立任务的代码。如果没有特别的需求,最好总是这样写代码,因为这种类型的程序通常很容易写,也很容易维护。不过也有一些情况下,并行执行多个任务会有更大的好处。一个例子是,Web 服务需要在各自独立的套接字(socket)上同时接收多个数据请求。每个套接字请求都是独立的,可以完全独立于其他套接字进行处理。具有并行执行多个请求的能力可以显著提高这类系统的性能。考虑到这一点,Go 语言的语法和运行时直接内置了对并发的支持。

Go 语言里的并发指的是能让某个函数独立于其他函数运行的能力。当一个函数创建为 goroutine 时,Go 会将其视为一个独立的工作单元。这个单元会被调度到可用的逻辑处理器上执行。Go 语言运行时的调度器是一个复杂的软件,能管理被创建的所有 goroutine 并为其分配执行时间。这个调度器在操作系统之上,将操作系统的线程与语言运行时的逻辑处理器绑定,并在逻辑处理器上运行 goroutine。调度器在任何给定的时间,都会全面控制哪个 goroutine 要在哪个逻辑处理器上运行。

Go 语言的并发同步模型来自一个叫作通信顺序进程(Communicating Sequential Processes,CSP)的范型(paradigm)。CSP 是一种消息传递模型,通过在 goroutine 之间传递数据来传递消息,而不是对数据进行加锁来实现同步访问。用于在 goroutine 之间同步和传递数据的关键数据类型叫作通道(channel)。对于没有使用过通道写并发程序的程序员来说,通道会让他们感觉神奇而兴奋。希望读者使用后也能有这种感觉。使用通道可以使编写并发程序更容易,也能够让并发程序出错更少。

6.1 并发与并行

让我们先来学习一下抽象程度较高的概念:什么是操作系统的线程(thread)和进程(process)。

这会有助于后面理解 Go 语言运行时调度器如何利用操作系统来并发运行 goroutine。当运行一个应用程序（如一个 IDE 或者编辑器）的时候，操作系统会为这个应用程序启动一个进程。可以将这个进程看作一个包含了应用程序在运行中需要用到和维护的各种资源的容器。

图 6-1 展示了一个包含所有可能分配的常用资源的进程。这些资源包括但不限于内存地址空间、文件和设备的句柄以及线程。一个线程是一个执行空间，这个空间会被操作系统调度来运行函数中所写的代码。每个进程至少包含一个线程，每个进程的初始线程被称作主线程。因为执行这个线程的空间是应用程序的本身的空间，所以当主线程终止时，应用程序也会终止。操作系统将线程调度到某个处理器上运行，这个处理器并不一定是进程所在的处理器。不同操作系统使用的线程调度算法一般都不一样，但是这种不同会被操作系统屏蔽，并不会展示给程序员。

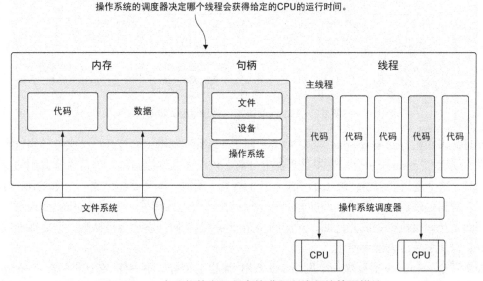

图 6-1　一个运行的应用程序的进程和线程的简要描绘

操作系统会在物理处理器上调度线程来运行，而 Go 语言的运行时会在逻辑处理器上调度 goroutine 来运行。每个逻辑处理器都分别绑定到单个操作系统线程。在 1.5 版本[①]上，Go 语言的运行时默认会为每个可用的物理处理器分配一个逻辑处理器。在 1.5 版本之前的版本中，默认给整个应用程序只分配一个逻辑处理器。这些逻辑处理器会用于执行所有被创建的 goroutine。即便只有一个逻辑处理器，Go 也可以以神奇的效率和性能，并发调度无数个 goroutine。

在图 6-2 中，可以看到操作系统线程、逻辑处理器和本地运行队列之间的关系。如果创建一个 goroutine 并准备运行，这个 goroutine 就会被放到调度器的全局运行队列中。之后，调度器就将这些队列中的 goroutine 分配给一个逻辑处理器，并放到这个逻辑处理器对应的本地运行队列

---

① 直到目前最新的 1.8 版本都是同一逻辑。可预见的未来版本也会保持这个逻辑。——译者注

中。本地运行队列中的 goroutine 会一直等待直到自己被分配的逻辑处理器执行。

Go语言运行时会把goroutine调度到逻辑处理器上运行。这个逻辑处理器绑定到唯一的操作系统线程。当goroutine可以运行的时候，会被放入逻辑处理器的执行队列中。

当goroutine执行了一个阻塞的系统调用时，调度器会将这个线程与处理器分离，并创建一个新线程来运行这个处理器上提供的服务。

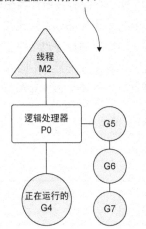
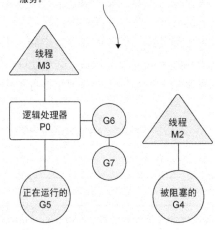

图 6-2　Go 调度器如何管理 goroutine

　　有时，正在运行的 goroutine 需要执行一个阻塞的系统调用，如打开一个文件。当这类调用发生时，线程和 goroutine 会从逻辑处理器上分离，该线程会继续阻塞，等待系统调用的返回。与此同时，这个逻辑处理器就失去了用来运行的线程。所以，调度器会创建一个新线程，并将其绑定到该逻辑处理器上。之后，调度器会从本地运行队列里选择另一个 goroutine 来运行。一旦被阻塞的系统调用执行完成并返回，对应的 goroutine 会放回到本地运行队列，而之前的线程会保存好，以便之后可以继续使用。

　　如果一个 goroutine 需要做一个网络 I/O 调用，流程上会有些不一样。在这种情况下，goroutine 会和逻辑处理器分离，并移到集成了网络轮询器的运行时。一旦该轮询器指示某个网络读或者写操作已经就绪，对应的 goroutine 就会重新分配到逻辑处理器上来完成操作。调度器对可以创建的逻辑处理器的数量没有限制，但语言运行时默认限制每个程序最多创建 10 000 个线程。这个限制值可以通过调用 runtime/debug 包的 SetMaxThreads 方法来更改。如果程序试图使用更多的线程，就会崩溃。

　　并发（concurrency）不是并行（parallelism）。并行是让不同的代码片段同时在不同的物理处理器上执行。并行的关键是同时做很多事情，而并发是指同时管理很多事情，这些事情可能只做了一半就被暂停去做别的事情了。在很多情况下，并发的效果比并行好，因为操作系统和硬件的总资源一般很少，但能支持系统同时做很多事情。这种“使用较少的资源做更多的事情”的哲学，也是指导 Go 语言设计的哲学。

　　如果希望让 goroutine 并行，必须使用多于一个逻辑处理器。当有多个逻辑处理器时，调度器会将 goroutine 平等分配到每个逻辑处理器上。这会让 goroutine 在不同的线程上运行。不过要想真的实现并行的效果，用户需要让自己的程序运行在有多个物理处理器的机器上。否则，哪怕 Go 语言运行时使用多个线程，goroutine 依然会在同一个物理处理器上并发运行，达不到并行的效果。

图 6-3 展示了在一个逻辑处理器上并发运行 goroutine 和在两个逻辑处理器上并行运行两个并发的 goroutine 之间的区别。调度器包含一些聪明的算法，这些算法会随着 Go 语言的发布被更新和改进，所以不推荐盲目修改语言运行时对逻辑处理器的默认设置。如果真的认为修改逻辑处理器的数量可以改进性能，也可以对语言运行时的参数进行细微调整。后面会介绍如何做这种修改。

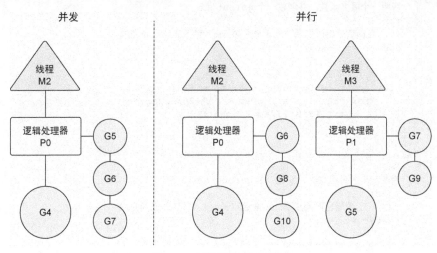

图 6-3 并发和并行的区别

6.2 goroutine

让我们再深入了解一下调度器的行为，以及调度器是如何创建 goroutine 并管理其寿命的。我们会先通过在一个逻辑处理器上运行的例子来讲解，再来讨论如何让 goroutine 并行运行。代码清单 6-1 所示的程序会创建两个 goroutine，以并发的形式分别显示大写和小写的英文字母。

代码清单 6-1　listing01.go

```
01 // 这个示例程序展示如何创建 goroutine
02 // 以及调度器的行为
03 package main
04
05 import (
06     "fmt"
07     "runtime"
08     "sync"
09 )
10
11 // main 是所有 Go 程序的入口
```

```
12 func main() {
13     // 分配一个逻辑处理器给调度器使用
14     runtime.GOMAXPROCS(1)
15
16     // wg 用来等待程序完成
17     // 计数加 2，表示要等待两个 goroutine
18     var wg sync.WaitGroup
19     wg.Add(2)
20
21     fmt.Println("Start Goroutines")
22
23     // 声明一个匿名函数，并创建一个 goroutine
24     go func() {
25         // 在函数退出时调用 Done 来通知 main 函数工作已经完成
26         defer wg.Done()
27
28         // 显示字母表 3 次
29         for count := 0; count < 3; count++ {
30             for char := 'a'; char < 'a'+26; char++ {
31                 fmt.Printf("%c ", char)
32             }
33         }
34     }()
35
36     // 声明一个匿名函数，并创建一个 goroutine
37     go func() {
38         // 在函数退出时调用 Done 来通知 main 函数工作已经完成
39         defer wg.Done()
40
41         // 显示字母表 3 次
42         for count := 0; count < 3; count++ {
43             for char := 'A'; char < 'A'+26; char++ {
44                 fmt.Printf("%c ", char)
45             }
46         }
47     }()
48
49     // 等待 goroutine 结束
50     fmt.Println("Waiting To Finish")
51     wg.Wait()
52
53     fmt.Println("\nTerminating Program")
54 }
```

在代码清单 6-1 的第 14 行，调用了 runtime 包的 GOMAXPROCS 函数。这个函数允许程序更改调度器可以使用的逻辑处理器的数量。如果不想在代码里做这个调用，也可以通过修改和这个函数名字一样的环境变量的值来更改逻辑处理器的数量。给这个函数传入 1，是通知调度器只能为该程序使用一个逻辑处理器。

在第 24 行和第 37 行，我们声明了两个匿名函数，用来显示英文字母表。第 24 行的函数显示小写字母表，而第 37 行的函数显示大写字母表。这两个函数分别通过关键字 go 创建 goroutine 来执行。根据代码清单 6-2 中给出的输出可以看到，每个 goroutine 执行的代码在一个逻辑处理器上并发运行的效果。

代码清单 6-2　listing01.go 的输出

```
Start Goroutines
Waiting To Finish
A B C D E F G H I J K L M N O P Q R S T U V W X Y Z A B C D E F G H I J K L M
N O P Q R S T U V W X Y Z A B C D E F G H I J K L M N O P Q R S T U V W X Y Z
a b c d e f g h i j k l m n o p q r s t u v w x y z a b c d e f g h i j k l m
n o p q r s t u v w x y z a b c d e f g h i j k l m n o p q r s t u v w x y z
Terminating Program
```

　　第一个 goroutine 完成所有显示需要花时间太短了，以至于在调度器切换到第二个 goroutine 之前，就完成了所有任务。这也是为什么会看到先输出了所有的大写字母，之后才输出小写字母。我们创建的两个 goroutine 一个接一个地并发运行，独立完成显示字母表的任务。

　　如代码清单 6-3 所示，一旦两个匿名函数创建 goroutine 来执行，main 中的代码会继续运行。这意味着 main 函数会在 goroutine 完成工作前返回。如果真的返回了，程序就会在 goroutine 有机会运行前终止。因此，在第 51 行，main 函数通过 WaitGroup，等待两个 goroutine 完成它们的工作。

代码清单 6-3　listing01.go：第 17 行到第 19 行，第 23 行到第 26 行，第 49 行到第 51 行

```
16    // wg 用来等待程序完成
17    // 计数加 2，表示要等待两个 goroutine
18    var wg sync.WaitGroup
19    wg.Add(2)

23    // 声明一个匿名函数，并创建一个 goroutine
24    go func() {
25        // 在函数退出时调用 Done 来通知 main 函数工作已经完成
26        defer wg.Done()

49    // 等待 goroutine 结束
50    fmt.Println("Waiting To Finish")
51    wg.Wait()
```

WaitGroup 是一个计数信号量，可以用来记录并维护运行的 goroutine。如果 WaitGroup 的值大于 0，Wait 方法就会阻塞。在第 18 行，创建了一个 WaitGroup 类型的变量，之后在第 19 行，将这个 WaitGroup 的值设置为 2，表示有两个正在运行的 goroutine。为了减小 WaitGroup 的值并最终释放 main 函数，要在第 26 和 39 行，使用 defer 声明在函数退出时调用 Done 方法。

　　关键字 defer 会修改函数调用时机，在正在执行的函数返回时才真正调用 defer 声明的函数。对这里的示例程序来说，我们使用关键字 defer 保证，每个 goroutine 一旦完成其工作就调用 Done 方法。

　　基于调度器的内部算法，一个正运行的 goroutine 在工作结束前，可以被停止并重新调度。

调度器这样做的目的是防止某个 goroutine 长时间占用逻辑处理器。当 goroutine 占用时间过长时，调度器会停止当前正运行的 goroutine，并给其他可运行的 goroutine 运行的机会。

　　图 6-4 从逻辑处理器的角度展示了这一场景。在第 1 步，调度器开始运行 goroutine A，而 goroutine B 在运行队列里等待调度。之后，在第 2 步，调度器交换了 goroutine A 和 goroutine B。由于 goroutine A 并没有完成工作，因此被放回到运行队列。之后，在第 3 步，goroutine B 完成了它的工作并被系统销毁。这也让 goroutine A 继续之前的工作。

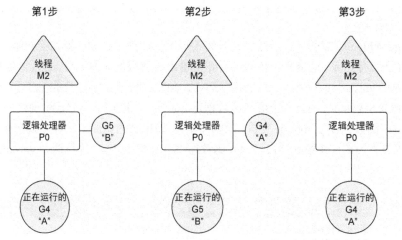

图 6-4　goroutine 在逻辑处理器的线程上进行交换

　　可以通过创建一个需要长时间才能完成其工作的 goroutine 来看到这个行为，如代码清单 6-4 所示。

代码清单 6-4　listing04.go

```
01 // 这个示例程序展示 goroutine 调度器是如何在单个线程上
02 // 切分时间片的
03 package main
04
05 import (
06     "fmt"
07     "runtime"
08     "sync"
09 )
10
11 // wg 用来等待程序完成
12 var wg sync.WaitGroup
13
14 // main 是所有 Go 程序的入口
15 func main() {
16     // 分配一个逻辑处理器给调度器使用
17     runtime.GOMAXPROCS(1)
18
```

```
19        // 计数加 2，表示要等待两个 goroutine
20        wg.Add(2)
21
22        // 创建两个 goroutine
23        fmt.Println("Create Goroutines")
24        go printPrime("A")
25        go printPrime("B")
26
27        // 等待 goroutine 结束
28        fmt.Println("Waiting To Finish")
29        wg.Wait()
30
31        fmt.Println("Terminating Program")
32 }
33
34 // printPrime 显示 5000 以内的素数值
35 func printPrime(prefix string) {
36        // 在函数退出时调用 Done 来通知 main 函数工作已经完成
37        defer wg.Done()
38
39 next:
40        for outer := 2; outer < 5000; outer++ {
41            for inner := 2; inner < outer; inner++ {
42                if outer%inner == 0 {
43                    continue next
44                }
45            }
46            fmt.Printf("%s:%d\n", prefix, outer)
47        }
48        fmt.Println("Completed", prefix)
49 }
```

代码清单 6-4 中的程序创建了两个 goroutine，分别打印 1~5000 内的素数。查找并显示素数会消耗不少时间，这会让调度器有机会在第一个 goroutine 找到所有素数之前，切换该 goroutine 的时间片。

在第 12 行中，程序启动的时候，声明了一个 WaitGroup 变量，并在第 20 行将其值设置为 2。之后在第 24 行和第 25 行，在关键字 go 后面指定 printPrime 函数并创建了两个 goroutine 来执行。第一个 goroutine 使用前缀 A，第二个 goroutine 使用前缀 B。和其他函数调用一样，创建为 goroutine 的函数调用时可以传入参数。不过 goroutine 终止时无法获取函数的返回值。查看代码清单 6-5 中给出的输出时，会看到调度器在切换第一个 goroutine。

代码清单 6-5　listing04.go 的输出

```
Create Goroutines
Waiting To Finish
B:2
B:3
...
B:4583
B:4591
```

```
A:3                    ** 切换 goroutine
A:5
...

A:4561
A:4567
B:4603                 ** 切换 goroutine
B:4621
...
Completed B
A:4457                 ** 切换 goroutine
A:4463
...
A:4993
A:4999
Completed A
Terminating Program
```

　　goroutine B 先显示素数。一旦 goroutine B 打印到素数 4591,调度器就会将正运行的 goroutine 切换为 goroutine A。之后 goroutine A 在线程上执行了一段时间,再次切换为 goroutine B。这次 goroutine B 完成了所有的工作。一旦 goroutine B 返回,就会看到线程再次切换到 goroutine A 并完成所有的工作。每次运行这个程序,调度器切换的时间点都会稍微有些不同。

　　代码清单 6-1 和代码清单 6-4 中的示例程序展示了调度器如何在一个逻辑处理器上并发运行多个 goroutine。像之前提到的,Go 标准库的 runtime 包里有一个名为 GOMAXPROCS 的函数,通过它可以指定调度器可用的逻辑处理器的数量。用这个函数,可以给每个可用的物理处理器在运行的时候分配一个逻辑处理器。代码清单 6-6 展示了这种改动,让 goroutine 并行运行。

代码清单 6-6　如何修改逻辑处理器的数量

```
import "runtime"

// 给每个可用的核心分配一个逻辑处理器
runtime.GOMAXPROCS(runtime.NumCPU())
```

　　包 runtime 提供了修改 Go 语言运行时配置参数的能力。在代码清单 6-6 里,我们使用两个 runtime 包的函数来修改调度器使用的逻辑处理器的数量。函数 NumCPU 返回可以使用的物理处理器的数量。因此,调用 GOMAXPROCS 函数就为每个可用的物理处理器创建一个逻辑处理器。需要强调的是,使用多个逻辑处理器并不意味着性能更好。在修改任何语言运行时配置参数的时候,都需要配合基准测试来评估程序的运行效果。

　　如果给调度器分配多个逻辑处理器,我们会看到之前的示例程序的输出行为会有些不同。让我们把逻辑处理器的数量改为 2,并再次运行第一个打印英文字母表的示例程序,如代码清单 6-7 所示。

代码清单 6-7　listing07.go

```
01 // 这个示例程序展示如何创建 goroutine
```

```
02    // 以及 goroutine 调度器的行为
03    package main
04
05    import (
06        "fmt"
07        "runtime"
08        "sync"
09    )
10
11    // main 是所有 Go 程序的入口
12    func main() {
13        // 分配 2 个逻辑处理器给调度器使用
14        runtime.GOMAXPROCS(2)
15
16        // wg 用来等待程序完成
17        // 计数加 2, 表示要等待两个 goroutine
18        var wg sync.WaitGroup
19        wg.Add(2)
20
21        fmt.Println("Start Goroutines")
22
23        // 声明一个匿名函数, 并创建一个 goroutine
24        go func() {
25            // 在函数退出时调用 Done 来通知 main 函数工作已经完成
26            defer wg.Done()
27
28            // 显示字母表 3 次
29            for count := 0; count < 3; count++ {
30                for char := 'a'; char < 'a'+26; char++ {
31                    fmt.Printf("%c ", char)
32                }
33            }
34        }()
35
36        // 声明一个匿名函数, 并创建一个 goroutine
37        go func() {
38            // 在函数退出时调用 Done 来通知 main 函数工作已经完成
39            defer wg.Done()
40
41            // 显示字母表 3 次
42            for count := 0; count < 3; count++ {
43                for char := 'A'; char < 'A'+26; char++ {
44                    fmt.Printf("%c ", char)
45                }
46            }
47        }()
48
49        // 等待 goroutine 结束
50        fmt.Println("Waiting To Finish")
51        wg.Wait()
52
53        fmt.Println("\nTerminating Program")
54    }
```

代码清单 6-7 中给出的例子在第 14 行中通过调用 GOMAXPROCS 函数创建了两个逻辑处理器。这会让 goroutine 并行运行，输出结果如代码清单 6-8 所示。

代码清单 6-8　listing07.go 的输出

```
Create Goroutines
Waiting To Finish
A B C a D E b F c G d H e I f J g K h L i M j N k O l P m Q n R o S p T
q U r V s W t X u Y v Z w A x B y C z D a E b F c G d H e I f J g K h L
i M j N k O l P m Q n R o S p T q U r V s W t X u Y v Z w A x B y C z D
a E b F c G d H e I f J g K h L i M j N k O l P m Q n R o S p T q U r V
s W t X u Y v Z w x y z
Terminating Program
```

如果仔细查看代码清单 6-8 中的输出，会看到 goroutine 是并行运行的。两个 goroutine 几乎是同时开始运行的，大小写字母是混合在一起显示的。这是在一台 8 核的电脑上运行程序的输出，所以每个 goroutine 独自运行在自己的核上。记住，只有在有多个逻辑处理器且可以同时让每个 goroutine 运行在一个可用的物理处理器上的时候，goroutine 才会并行运行。

现在知道了如何创建 goroutine，并了解这背后发生的事情了。下面需要了解一下写并发程序时的潜在危险，以及需要注意的事情。

6.3　竞争状态

如果两个或者多个 goroutine 在没有互相同步的情况下，访问某个共享的资源，并试图同时读和写这个资源，就处于相互竞争的状态，这种情况被称作竞争状态（race condition）。竞争状态的存在是让并发程序变得复杂的地方，十分容易引起潜在问题。对一个共享资源的读和写操作必须是原子化的，换句话说，同一时刻只能有一个 goroutine 对共享资源进行读和写操作。代码清单 6-9 中给出的是包含竞争状态的示例程序。

代码清单 6-9　listing09.go

```
01 // 这个示例程序展示如何在程序里造成竞争状态
02 // 实际上不希望出现这种情况
03 package main
04
05 import (
06     "fmt"
07     "runtime"
08     "sync"
09 )
10
11 var (
12     // counter 是所有 goroutine 都要增加其值的变量
13     counter int
14
15     // wg 用来等待程序结束
```

```
16          wg sync.WaitGroup
17  )
18
19  // main 是所有 Go 程序的入口
20  func main() {
21      // 计数加 2，表示要等待两个 goroutine
22      wg.Add(2)
23
24      // 创建两个 goroutine
25      go incCounter(1)
26      go incCounter(2)
27
28      // 等待 goroutine 结束
29      wg.Wait()
30      fmt.Println("Final Counter:", counter)
31  }
32
33  // incCounter 增加包里 counter 变量的值
34  func incCounter(id int) {
35      // 在函数退出时调用 Done 来通知 main 函数工作已经完成
36      defer wg.Done()
37
38      for count := 0; count < 2; count++ {
39          // 捕获 counter 的值
40          value := counter
41
42          // 当前 goroutine 从线程退出，并放回到队列
43          runtime.Gosched()
44
45          // 增加本地 value 变量的值
46          value++
47
48          // 将该值保存回 counter
49          counter = value
50      }
51  }
```

对应的输出如代码清单 6-10 所示。

代码清单 6-10　listing09.go 的输出

```
Final Counter: 2
```

　　变量 counter 会进行 4 次读和写操作，每个 goroutine 执行两次。但是，程序终止时，counter 变量的值为 2。图 6-5 提供了为什么会这样的线索。

　　每个 goroutine 都会覆盖另一个 goroutine 的工作。这种覆盖发生在 goroutine 切换的时候。每个 goroutine 创造了一个 counter 变量的副本，之后就切换到另一个 goroutine。当这个 goroutine 再次运行的时候，counter 变量的值已经改变了，但是 goroutine 并没有更新自己的那个副本的值，而是继续使用这个副本的值，用这个值递增，并存回 counter 变量，结果覆盖了另一个 goroutine 完成的工作。

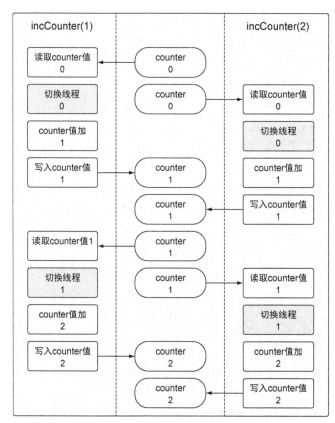

图 6-5　竞争状态下程序行为的图像表达

让我们顺着程序理解一下发生了什么。在第 25 行和第 26 行，使用 incCounter 函数创建了两个 goroutine。在第 34 行，incCounter 函数对包内变量 counter 进行了读和写操作，而这个变量是这个示例程序里的共享资源。每个 goroutine 都会先读出这个 counter 变量的值，并在第 40 行将 counter 变量的副本存入一个叫作 value 的本地变量。之后在第 46 行，incCounter 函数对 value 的副本的值加 1，最终在第 49 行将这个新值存回到 counter 变量。这个函数在第 43 行调用了 runtime 包的 Gosched 函数，用于将 goroutine 从当前线程退出，给其他 goroutine 运行的机会。在两次操作中间这样做的目的是强制调度器切换两个 goroutine，以便让竞争状态的效果变得更明显。

Go 语言有一个特别的工具，可以在代码里检测竞争状态。在查找这类错误的时候，这个工具非常好用，尤其是在竞争状态并不像这个例子里这么明显的时候。让我们用这个竞争检测器来检测一下我们的例子代码，如代码清单 6-11 所示。

代码清单 6-11　用竞争检测器来编译并执行 listing09 的代码

```
go build -race   // 用竞争检测器标志来编译程序
```

```
./example        // 运行程序

==================
WARNING: DATA RACE
Write by goroutine 5:

  main.incCounter()
      /example/main.go:49 +0x96

Previous read by goroutine 6:
  main.incCounter()
      /example/main.go:40 +0x66

Goroutine 5 (running) created at:
  main.main()
      /example/main.go:25 +0x5c

Goroutine 6 (running) created at:
  main.main()
      /example/main.go:26 +0x73
==================
Final Counter: 2
Found 1 data race(s)
```

代码清单 6-11 中的竞争检测器指出这个例子里面代码清单 6-12 所示的 4 行代码有问题。

代码清单 6-12　竞争检测器指出的代码

```
Line 49: counter = value
Line 40: value := counter
Line 25: go incCounter(1)
Line 26: go incCounter(2)
```

代码清单 6-12 展示了竞争检测器查到的哪个 goroutine 引发了数据竞争，以及哪两行代码有冲突。毫不奇怪，这几行代码分别是对 counter 变量的读和写操作。

一种修正代码、消除竞争状态的办法是，使用 Go 语言提供的锁机制，来锁住共享资源，从而保证 goroutine 的同步状态。

6.4　锁住共享资源

Go 语言提供了传统的同步 goroutine 的机制，就是对共享资源加锁。如果需要顺序访问一个整型变量或者一段代码，atomic 和 sync 包里的函数提供了很好的解决方案。下面我们了解一下 atomic 包里的几个函数以及 sync 包里的 mutex 类型。

6.4.1　原子函数

原子函数能够以很底层的加锁机制来同步访问整型变量和指针。我们可以用原子函数来修正代码清单 6-9 中创建的竞争状态，如代码清单 6-13 所示。

代码清单 6-13　listing13.go

```
01  // 这个示例程序展示如何使用 atomic 包来提供
02  // 对数值类型的安全访问
03  package main
04
05  import (
06      "fmt"
07      "runtime"
08      "sync"
09      "sync/atomic"
10  )
11
12  var (
13      // counter 是所有 goroutine 都要增加其值的变量
14      counter int64
15
16      // wg 用来等待程序结束
17      wg sync.WaitGroup
18  )
19
20  // main 是所有 Go 程序的入口
21  func main() {
22      // 计数加 2，表示要等待两个 goroutine
23      wg.Add(2)
24
25      // 创建两个 goroutine
26      go incCounter(1)
27      go incCounter(2)
28
29      // 等待 goroutine 结束
30      wg.Wait()
31
32      // 显示最终的值
33      fmt.Println("Final Counter:", counter)
34  }
35
36  // incCounter 增加包里 counter 变量的值
37  func incCounter(id int) {
38      // 在函数退出时调用 Done 来通知 main 函数工作已经完成
39      defer wg.Done()
40
41      for count := 0; count < 2; count++ {
42          // 安全地对 counter 加 1
43          atomic.AddInt64(&counter, 1)
44
45          // 当前 goroutine 从线程退出，并放回到队列
46          runtime.Gosched()
47      }
48  }
```

对应的输出如代码清单 6-14 所示。

代码清单 6-14 listing13.go 的输出

```
Final Counter: 4
```

现在，程序的第 43 行使用了 atmoic 包的 AddInt64 函数。这个函数会同步整型值的加法，方法是强制同一时刻只能有一个 goroutine 运行并完成这个加法操作。当 goroutine 试图去调用任何原子函数时，这些 goroutine 都会自动根据所引用的变量做同步处理。现在我们得到了正确的值 4。

另外两个有用的原子函数是 LoadInt64 和 StoreInt64。这两个函数提供了一种安全地读和写一个整型值的方式。代码清单 6-15 中的示例程序使用 LoadInt64 和 StoreInt64 来创建一个同步标志，这个标志可以向程序里多个 goroutine 通知某个特殊状态。

代码清单 6-15 listing15.go

```
01 // 这个示例程序展示如何使用 atomic 包里的
02 // Store 和 Load 类函数来提供对数值类型
03 // 的安全访问
04 package main
05
06 import (
07     "fmt"
08     "sync"
09     "sync/atomic"
10     "time"
11 )
12
13 var (
14     // shutdown 是通知正在执行的 goroutine 停止工作的标志
15     shutdown int64
16
17     // wg 用来等待程序结束
18     wg sync.WaitGroup
19 )
20
21 // main 是所有 Go 程序的入口
22 func main() {
23     // 计数加 2，表示要等待两个 goroutine
24     wg.Add(2)
25
26     // 创建两个 goroutine
27     go doWork("A")
28     go doWork("B")
29
30     // 给定 goroutine 执行的时间
31     time.Sleep(1 * time.Second)
32
33     // 该停止工作了，安全地设置 shutdown 标志
34     fmt.Println("Shutdown Now")
35     atomic.StoreInt64(&shutdown, 1)
36
```

```
37        // 等待 goroutine 结束
38        wg.Wait()
39 }
40
41 // doWork 用来模拟执行工作的 goroutine,
42 // 检测之前的 shutdown 标志来决定是否提前终止
43 func doWork(name string) {
44        // 在函数退出时调用 Done 来通知 main 函数工作已经完成
45        defer wg.Done()
46
47        for {
48            fmt.Printf("Doing %s Work\n", name)
49            time.Sleep(250 * time.Millisecond)
50
51            // 要停止工作了吗?
52            if atomic.LoadInt64(&shutdown) == 1 {
53                fmt.Printf("Shutting %s Down\n", name)
54                break
55            }
56        }
57 }
```

在这个例子中，启动了两个 goroutine，并完成一些工作。在各自循环的每次迭代之后，在第 52 行中 goroutine 会使用 LoadInt64 来检查 shutdown 变量的值。这个函数会安全地返回 shutdown 变量的一个副本。如果这个副本的值为 1，goroutine 就会跳出循环并终止。

在第 35 行中，main 函数使用 StoreInt64 函数来安全地修改 shutdown 变量的值。如果哪个 doWork goroutine 试图在 main 函数调用 StoreInt64 的同时调用 LoadInt64 函数，那么原子函数会将这些调用互相同步，保证这些操作都是安全的，不会进入竞争状态。

6.4.2 互斥锁

另一种同步访问共享资源的方式是使用互斥锁（mutex）。互斥锁这个名字来自互斥（mutual exclusion）的概念。互斥锁用于在代码上创建一个临界区，保证同一时间只有一个 goroutine 可以执行这个临界区代码。我们还可以用互斥锁来修正代码清单 6-9 中创建的竞争状态，如代码清单 6-16 所示。

代码清单 6-16　listing16.go

```
01 // 这个示例程序展示如何使用互斥锁来
02 // 定义一段需要同步访问的代码临界区
03 // 资源的同步访问
04 package main
05
06 import (
07     "fmt"
08     "runtime"
09     "sync"
10 )
```

```
11
12 var (
13     // counter 是所有 goroutine 都要增加其值的变量
14     counter int
15
16     // wg 用来等待程序结束
17     wg sync.WaitGroup
18
19     // mutex 用来定义一段代码临界区
20     mutex sync.Mutex
21 )
22
23 // main 是所有 Go 程序的入口
24 func main() {
25     // 计数加 2，表示要等待两个 goroutine
26     wg.Add(2)
27
28     // 创建两个 goroutine
29     go incCounter(1)
30     go incCounter(2)
31
32     // 等待 goroutine 结束
33     wg.Wait()
34     fmt.Printf("Final Counter: %d\\n", counter)
35 }
36
37 // incCounter 使用互斥锁来同步并保证安全访问，
38 // 增加包里 counter 变量的值
39 func incCounter(id int) {
40     // 在函数退出时调用 Done 来通知 main 函数工作已经完成
41     defer wg.Done()
42
43     for count := 0; count < 2; count++ {
44         // 同一时刻只允许一个 goroutine 进入
45         // 这个临界区
46         mutex.Lock()
47         {
48             // 捕获 counter 的值
49             value := counter
50
51             // 当前 goroutine 从线程退出，并放回到队列
52             runtime.Gosched()
53
54             // 增加本地 value 变量的值
55             value++
56
57             // 将该值保存回 counter
58             counter = value
59         }
60         mutex.Unlock()
61         // 释放锁，允许其他正在等待的 goroutine
62         // 进入临界区
63     }
64 }
```

对 counter 变量的操作在第 46 行和第 60 行的 Lock() 和 Unlock() 函数调用定义的临界区里被保护起来。使用大括号只是为了让临界区看起来更清晰，并不是必需的。同一时刻只有一个 goroutine 可以进入临界区。之后，直到调用 Unlock() 函数之后，其他 goroutine 才能进入临界区。当第 52 行强制将当前 goroutine 退出当前线程后，调度器会再次分配这个 goroutine 继续运行。当程序结束时，我们得到正确的值 4，竞争状态不再存在。

6.5　通道

原子函数和互斥锁都能工作，但是依靠它们都不会让编写并发程序变得更简单，更不容易出错，或者更有趣。在 Go 语言里，你不仅可以使用原子函数和互斥锁来保证对共享资源的安全访问以及消除竞争状态，还可以使用通道，通过发送和接收需要共享的资源，在 goroutine 之间做同步。

当一个资源需要在 goroutine 之间共享时，通道在 goroutine 之间架起了一个管道，并提供了确保同步交换数据的机制。声明通道时，需要指定将要被共享的数据的类型。可以通过通道共享内置类型、命名类型、结构类型和引用类型的值或者指针。

在 Go 语言中需要使用内置函数 make 来创建一个通道，如代码清单 6-17 所示。

代码清单 6-17　使用 make 创建通道

```
// 无缓冲的整型通道
unbuffered := make(chan int)

// 有缓冲的字符串通道
buffered := make(chan string, 10)
```

在代码清单 6-17 中，可以看到使用内置函数 make 创建了两个通道，一个无缓冲的通道，一个有缓冲的通道。make 的第一个参数需要是关键字 chan，之后跟着允许通道交换的数据的类型。如果创建的是一个有缓冲的通道，之后还需要在第二个参数指定这个通道的缓冲区的大小。

向通道发送值或者指针需要用到<-操作符，如代码清单 6-18 所示。

代码清单 6-18　向通道发送值

```
// 有缓冲的字符串通道
buffered := make(chan string, 10)

// 通过通道发送一个字符串
buffered <- "Gopher"
```

在代码清单 6-18 里，我们创建了一个有缓冲的通道，数据类型是字符串，包含一个 10 个值的缓冲区。之后我们通过通道发送字符串"Gopher"。为了让另一个 goroutine 可以从该通道里接收到这个字符串，我们依旧使用<-操作符，但这次是一元运算符，如代码清单 6-19 所示。

代码清单 6-19　从通道里接收值

```
// 从通道接收一个字符串
value := <-buffered
```

当从通道里接收一个值或者指针时，<-运算符在要操作的通道变量的左侧，如代码清单 6-19 所示。

通道是否带有缓冲，其行为会有一些不同。理解这个差异对决定到底应该使用还是不使用缓冲很有帮助。下面我们分别介绍一下这两种类型。

6.5.1　无缓冲的通道

无缓冲的通道（unbuffered channel）是指在接收前没有能力保存任何值的通道。这种类型的通道要求发送 goroutine 和接收 goroutine 同时准备好，才能完成发送和接收操作。如果两个 goroutine 没有同时准备好，通道会导致先执行发送或接收操作的 goroutine 阻塞等待。这种对通道进行发送和接收的交互行为本身就是同步的。其中任意一个操作都无法离开另一个操作单独存在。

在图 6-6 里，可以看到一个例子，展示两个 goroutine 如何利用无缓冲的通道来共享一个值。

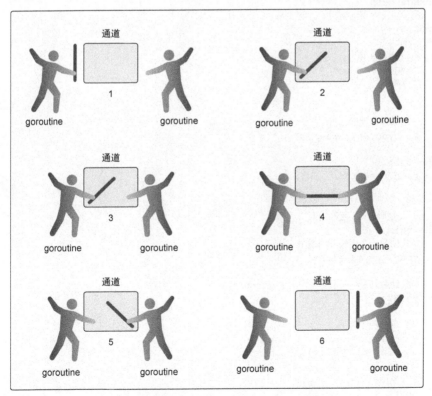

图 6-6　使用无缓冲的通道在 goroutine 之间同步

在第 1 步，两个 goroutine 都到达通道，但哪个都没有开始执行发送或者接收。在第 2 步，左侧的 goroutine 将它的手伸进了通道，这模拟了向通道发送数据的行为。这时，这个 goroutine 会在通道中被锁住，直到交换完成。在第 3 步，右侧的 goroutine 将它的手放入通道，这模拟了从通道里接收数据。这个 goroutine 一样也会在通道中被锁住，直到交换完成。在第 4 步和第 5 步，进行交换，并最终，在第 6 步，两个 goroutine 都将它们的手从通道里拿出来，这模拟了被锁住的 goroutine 得到释放。两个 goroutine 现在都可以去做别的事情了。

为了讲得更清楚，让我们来看两个完整的例子。这两个例子都会使用无缓冲的通道在两个 goroutine 之间同步交换数据。

在网球比赛中，两位选手会把球在两个人之间来回传递。选手总是处在以下两种状态之一：要么在等待接球，要么将球打向对方。可以使用两个 goroutine 来模拟网球比赛，并使用无缓冲的通道来模拟球的来回，如代码清单 6-20 所示。

代码清单 6-20　listing20.go

```
01 // 这个示例程序展示如何用无缓冲的通道来模拟
02 // 2 个 goroutine 间的网球比赛
03 package main
04
05 import (
06     "fmt"
07     "math/rand"
08     "sync"
09     "time"
10 )
11
12 // wg 用来等待程序结束
13 var wg sync.WaitGroup
14
15 func init() {
16     rand.Seed(time.Now().UnixNano())
17 }
18
19 // main 是所有 Go 程序的入口
20 func main() {
21     // 创建一个无缓冲的通道
22     court := make(chan int)
23
24     // 计数加 2，表示要等待两个 goroutine
25     wg.Add(2)
26
27     // 启动两个选手
28     go player("Nadal", court)
29     go player("Djokovic", court)
30
31     // 发球
32     court <- 1
33
34     // 等待游戏结束
```

```
35      wg.Wait()
36  }
37
38  // player 模拟一个选手在打网球
39  func player(name string, court chan int) {
40      // 在函数退出时调用 Done 来通知 main 函数工作已经完成
41      defer wg.Done()
42
43      for {
44          // 等待球被击打过来
45          ball, ok := <-court
46          if !ok {
47              // 如果通道被关闭，我们就赢了
48              fmt.Printf("Player %s Won\n", name)
49              return
50          }
51
52          // 选随机数，然后用这个数来判断我们是否丢球
53          n := rand.Intn(100)
54          if n%13 == 0 {
55              fmt.Printf("Player %s Missed\n", name)
56
57              // 关闭通道，表示我们输了
58              close(court)
59              return
60          }
61
62          // 显示击球数，并将击球数加 1
63          fmt.Printf("Player %s Hit %d\n", name, ball)
64          ball++
65
66          // 将球打向对手
67          court <- ball
68      }
69  }
```

运行这个程序会得到代码清单 6-21 所示的输出。

```
Player Nadal Hit 1
Player Djokovic Hit 2
Player Nadal Hit 3
Player Djokovic Missed
Player Nadal Won
```

在 main 函数的第 22 行，创建了一个 int 类型的无缓冲的通道，让两个 goroutine 在击球时能够互相同步。之后在第 28 行和第 29 行，创建了参与比赛的两个 goroutine。在这个时候，两个 goroutine 都阻塞住等待击球。在第 32 行，将球发到通道里，程序开始执行这个比赛，直到某个 goroutine 输掉比赛。

在 player 函数里，在第 43 行可以找到一个无限循环的 for 语句。在这个循环里，是玩游戏的过程。在第 45 行，goroutine 从通道接收数据，用来表示等待接球。这个接收动作会锁住

goroutine，直到有数据发送到通道里。通道的接收动作返回时，第 46 行会检测 ok 标志是否为 false。如果这个值是 false，表示通道已经被关闭，游戏结束。在第 53 行到第 60 行，会产生一个随机数，用来决定 goroutine 是否击中了球。如果击中了球，在第 64 行 ball 的值会递增 1，并在第 67 行，将 ball 作为球重新放入通道，发送给另一位选手。在这个时刻，两个 goroutine 都会被锁住，直到交换完成。最终，某个 goroutine 没有打中球，在第 58 行关闭通道。之后两个 goroutine 都会返回，通过 defer 声明的 Done 会被执行，程序终止。

另一个例子，用不同的模式，使用无缓冲的通道，在 goroutine 之间同步数据，来模拟接力比赛。在接力比赛里，4 个跑步者围绕赛道轮流跑（如代码清单 6-22 所示）。第二个、第三个和第四个跑步者要接到前一位跑步者的接力棒后才能起跑。比赛中最重要的部分是要传递接力棒，要求同步传递。在同步接力棒的时候，参与接力的两个跑步者必须在同一时刻准备好交接。

代码清单 6-22　listing22.go

```
01  // 这个示例程序展示如何用无缓冲的通道来模拟
02  // 4 个 goroutine 间的接力比赛
03  package main
04
05  import (
06      "fmt"
07      "sync"
08      "time"
09  )
10
11  // wg 用来等待程序结束
12  var wg sync.WaitGroup
13
14  // main 是所有 Go 程序的入口
15  func main() {
16      // 创建一个无缓冲的通道
17      baton := make(chan int)
18
19      // 为最后一位跑步者将计数加 1
20      wg.Add(1)
21
22      // 第一位跑步者持有接力棒
23      go Runner(baton)
24
25      // 开始比赛
26      baton <- 1
27
28      // 等待比赛结束
29      wg.Wait()
30  }
31
32  // Runner 模拟接力比赛中的一位跑步者
33  func Runner(baton chan int) {
34      var newRunner int
35
```

```
36          // 等待接力棒
37          runner := <-baton
38
39          // 开始绕着跑道跑步
40          fmt.Printf("Runner %d Running With Baton\n", runner)
41
42          // 创建下一位跑步者
43          if runner != 4 {
44              newRunner = runner + 1
45              fmt.Printf("Runner %d To The Line\n", runner)
46              go Runner(baton)
47          }
48
49          // 围绕跑道跑
50          time.Sleep(100 * time.Millisecond)
51
52          // 比赛结束了吗?
53          if runner == 4 {
54              fmt.Printf("Runner %d Finished, Race Over\n", runner)
55              wg.Done()
56              return
57          }
58
59          // 将接力棒交给下一位跑步者
60          fmt.Printf("Runner %d Exchange With Runner %d\n",
61              runner,
62              newRunner)
63
64          baton <- newRunner
65 }
```

运行这个程序会得到代码清单 6-23 所示的输出。

代码清单 6-23 listing22.go 的输出

```
Runner 1 Running With Baton
Runner 2 To The Line
Runner 1 Exchange With Runner 2
Runner 2 Running With Baton
Runner 3 To The Line
Runner 2 Exchange With Runner 3
Runner 3 Running With Baton
Runner 4 To The Line
Runner 3 Exchange With Runner 4
Runner 4 Running With Baton
Runner 4 Finished , Race Over
```

在 main 函数的第 17 行,创建了一个无缓冲的 int 类型的通道 baton,用来同步传递接力棒。在第 20 行,我们给 WaitGroup 加 1,这样 main 函数就会等最后一位跑步者跑步结束。在第 23 行创建了一个 goroutine,用来表示第一位跑步者来到跑道。之后在第 26 行,将接力棒交给这个跑步者,比赛开始。最终,在第 29 行,main 函数阻塞在 WaitGroup,等候最后一位跑步者完成比赛。

在 Runner goroutine 里,可以看到接力棒 baton 是如何在跑步者之间传递的。在第 37 行,goroutine 对 baton 通道执行接收操作,表示等候接力棒。一旦接力棒传了进来,在第 46 行就会创建一位新跑步者，准备接力下一棒，直到 goroutine 是第四个跑步者。在第 50 行，跑步者围绕跑道跑 100 ms。在第 55 行，如果第四个跑步者完成了比赛，就调用 Done，将 WaitGroup 减 1，之后 goroutine 返回。如果这个 goroutine 不是第四个跑步者，那么在第 64 行，接力棒会交到下一个已经在等待的跑步者手上。在这个时候，goroutine 会被锁住，直到交接完成。

在这两个例子里，我们使用无缓冲的通道同步 goroutine，模拟了网球和接力赛。代码的流程与这两个活动在真实世界中的流程完全一样，这样的代码很容易读懂。现在知道了无缓冲的通道是如何工作的，接下来我们会学习有缓冲的通道的工作方法。

6.5.2 有缓冲的通道

有缓冲的通道（buffered channel）是一种在被接收前能存储一个或者多个值的通道。这种类型的通道并不强制要求 goroutine 之间必须同时完成发送和接收。通道会阻塞发送和接收动作的条件也会不同。只有在通道中没有要接收的值时，接收动作才会阻塞。只有在通道没有可用缓冲区容纳被发送的值时，发送动作才会阻塞。这导致有缓冲的通道和无缓冲的通道之间的一个很大的不同：无缓冲的通道保证进行发送和接收的 goroutine 会在同一时间进行数据交换；有缓冲的通道没有这种保证。

在图 6-7 中可以看到两个 goroutine 分别向有缓冲的通道里增加一个值和从有缓冲的通道里移除一个值。在第 1 步，右侧的 goroutine 正在从通道接收一个值。在第 2 步，右侧的这个 goroutine 独立完成了接收值的动作，而左侧的 goroutine 正在发送一个新值到通道里。在第 3 步，左侧的 goroutine 还在向通道发送新值，而右侧的 goroutine 正在从通道接收另外一个值。这个步骤里的两个操作既不是同步的，也不会互相阻塞。最后，在第 4 步，所有的发送和接收都完成，而通道里还有几个值，也有一些空间可以存更多的值。

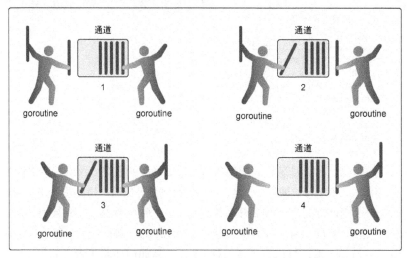

图 6-7 使用有缓冲的通道在 goroutine 之间同步数据

让我们看一个使用有缓冲的通道的例子，这个例子管理一组 goroutine 来接收并完成工作。有缓冲的通道提供了一种清晰而直观的方式来实现这个功能，如代码清单 6-24 所示。

代码清单 6-24　listing24.go

```
01  // 这个示例程序展示如何使用
02  // 有缓冲的通道和固定数目的
03  // goroutine 来处理一堆工作
04  package main
05
06  import (
07      "fmt"
08      "math/rand"
09      "sync"
10      "time"
11  )
12
13  const (
14      numberGoroutines = 4   // 要使用的 goroutine 的数量
15      taskLoad         = 10  // 要处理的工作的数量
16  )
17
18  // wg 用来等待程序完成
19  var wg sync.WaitGroup
20
21  // init 初始化包，Go 语言运行时会在其他代码执行之前
22  // 优先执行这个函数
23  func init() {
24      // 初始化随机数种子
25      rand.Seed(time.Now().Unix())
26  }
27
28  // main 是所有 Go 程序的入口
29  func main() {
30      // 创建一个有缓冲的通道来管理工作
31      tasks := make(chan string, taskLoad)
32
33      // 启动 goroutine 来处理工作
34      wg.Add(numberGoroutines)
35      for gr := 1; gr <= numberGoroutines; gr++ {
36          go worker(tasks, gr)
37      }
38
39      // 增加一组要完成的工作
40      for post := 1; post <= taskLoad; post++ {
41          tasks <- fmt.Sprintf("Task : %d", post)
42      }
43
44      // 当所有工作都处理完时关闭通道
45      // 以便所有 goroutine 退出
46      close(tasks)
47
48      // 等待所有工作完成
49      wg.Wait()
```

```
50 }
51
52 // worker 作为 goroutine 启动来处理
53 // 从有缓冲的通道传入的工作
54 func worker(tasks chan string, worker int) {
55     // 通知函数已经返回
56     defer wg.Done()
57
58     for {
59         // 等待分配工作
60         task, ok := <-tasks
61         if !ok {
62             // 这意味着通道已经空了，并且已被关闭
63             fmt.Printf("Worker: %d : Shutting Down\n", worker)
64             return
65         }
66
67         // 显示我们开始工作了
68         fmt.Printf("Worker: %d : Started %s\n", worker, task)
69
70         // 随机等一段时间来模拟工作
71         sleep := rand.Int63n(100)
72         time.Sleep(time.Duration(sleep) * time.Millisecond)
73
74         // 显示我们完成了工作
75         fmt.Printf("Worker: %d : Completed %s\n", worker, task)
76     }
77 }
```

运行这个程序会得到代码清单 6-25 所示的输出。

代码清单 6-25　listing24.go 的输出

```
Worker: 1 : Started Task : 1
Worker: 2 : Started Task : 2
Worker: 3 : Started Task : 3
Worker: 4 : Started Task : 4
Worker: 1 : Completed Task : 1
Worker: 1 : Started Task : 5
Worker: 4 : Completed Task : 4
Worker: 4 : Started Task : 6
Worker: 1 : Completed Task : 5
Worker: 1 : Started Task : 7
Worker: 2 : Completed Task : 2
Worker: 2 : Started Task : 8
Worker: 3 : Completed Task : 3
Worker: 3 : Started Task : 9
Worker: 1 : Completed Task : 7
Worker: 1 : Started Task : 10
Worker: 4 : Completed Task : 6
Worker: 4 : Shutting Down
Worker: 3 : Completed Task : 9
Worker: 3 : Shutting Down
Worker: 2 : Completed Task : 8
```

```
Worker: 2 : Shutting Down
Worker: 1 : Completed Task : 10
Worker: 1 : Shutting Down
```

由于程序和 Go 语言的调度器带有随机成分，这个程序每次执行得到的输出会不一样。不过，通过有缓冲的通道，使用所有 4 个 goroutine 来完成工作，这个流程不会变。从输出可以看到每个 goroutine 是如何接收从通道里分发的工作。

在 main 函数的第 31 行，创建了一个 string 类型的有缓冲的通道，缓冲的容量是 10。在第 34 行，给 WaitGroup 赋值为 4，代表创建了 4 个工作 goroutine。之后在第 35 行到第 37 行，创建了 4 个 goroutine，并传入用来接收工作的通道。在第 40 行到第 42 行，将 10 个字符串发送到通道，模拟发给 goroutine 的工作。一旦最后一个字符串发送到通道，通道就会在第 46 行关闭，而 main 函数就会在第 49 行等待所有工作的完成。

第 46 行中关闭通道的代码非常重要。当通道关闭后，goroutine 依旧可以从通道接收数据，但是不能再向通道里发送数据。能够从已经关闭的通道接收数据这一点非常重要，因为这允许通道关闭后依旧能取出其中缓冲的全部值，而不会有数据丢失。从一个已经关闭且没有数据的通道里获取数据，总会立刻返回，并返回一个通道类型的零值。如果在获取通道时还加入了可选的标志，就能得到通道的状态信息。

在 worker 函数里，可以在第 58 行看到一个无限的 for 循环。在这个循环里，会处理所有接收到的工作。每个 goroutine 都会在第 60 行阻塞，等待从通道里接收新的工作。一旦接收到返回，就会检查 ok 标志，看通道是否已经清空而且关闭。如果 ok 的值是 false，goroutine 就会终止，并调用第 56 行通过 defer 声明的 Done 函数，通知 main 有工作结束。

如果 ok 标志是 true，表示接收到的值是有效的。第 71 行和第 72 行模拟了处理的工作。一旦工作完成，goroutine 会再次阻塞在第 60 行从通道获取数据的语句。一旦通道被关闭，这个从通道获取数据的语句会立刻返回，goroutine 也会终止自己。

有缓冲的通道和无缓冲的通道的例子很好地展示了如何编写使用通道的代码。在下一章，我们会介绍真实世界里的一些可能会在工程里用到的并发模式。

6.6 小结

- 并发是指 goroutine 运行的时候是相互独立的。
- 使用关键字 go 创建 goroutine 来运行函数。
- goroutine 在逻辑处理器上执行，而逻辑处理器具有独立的系统线程和运行队列。
- 竞争状态是指两个或者多个 goroutine 试图访问同一个资源。
- 原子函数和互斥锁提供了一种防止出现竞争状态的办法。
- 通道提供了一种在两个 goroutine 之间共享数据的简单方法。
- 无缓冲的通道保证同时交换数据，而有缓冲的通道不做这种保证。

第 7 章　并发模式

本章主要内容
- 控制程序的生命周期
- 管理可复用的资源池
- 创建可以处理任务的 goroutine 池

在第 6 章中，我们学习了什么是并发，通道是如何工作的，并学习了可以实际工作的并发代码。本章将通过学习更多代码来扩展这些知识。我们会学习 3 个可以在实际工程里使用的包，这 3 个包分别实现了不同的并发模式。每个包从一个实用的视角来讲解如何使用并发和通道。我们会学习如何用这个包简化并发程序的编写，以及为什么能简化的原因。

7.1　runner

runner 包用于展示如何使用通道来监视程序的执行时间，如果程序运行时间太长，也可以用 runner 包来终止程序。当开发需要调度后台处理任务的程序的时候，这种模式会很有用。这个程序可能会作为 cron 作业执行，或者在基于定时任务的云环境（如 iron.io）里执行。

让我们来看一下 runner 包里的 runner.go 代码文件，如代码清单 7-1 所示。

代码清单 7-1　runner/runner.go

```
01 // Gabriel Aszalos 协助完成了这个示例
02 // runner 包管理处理任务的运行和生命周期
03 package runner
04
05 import (
06     "errors"
07     "os"
08     "os/signal"
09     "time"
10 )
11
```

```
12  // Runner 在给定的超时时间内执行一组任务,
13  // 并且在操作系统发送中断信号时结束这些任务
14  type Runner struct {
15      // interrupt 通道报告从操作系统
16      // 发送的信号
17      interrupt chan os.Signal
18
19      // complete 通道报告处理任务已经完成
20      complete chan error
21
22      // timeout 报告处理任务已经超时
23      timeout <-chan time.Time
24
25      // tasks 持有一组以索引顺序依次执行的
26      // 函数
27      tasks []func(int)
28  }
29
30  // ErrTimeout 会在任务执行超时时返回
31  var ErrTimeout = errors.New("received timeout")
32
33  // ErrInterrupt 会在接收到操作系统的事件时返回
34  var ErrInterrupt = errors.New("received interrupt")
35
36  // New 返回一个新的准备使用的 Runner
37  func New(d time.Duration) *Runner {
38      return &Runner{
39          interrupt: make(chan os.Signal, 1),
40          complete:  make(chan error),
41          timeout:   time.After(d),
42      }
43  }
44
45  // Add 将一个任务附加到 Runner 上。这个任务是一个
46  // 接收一个 int 类型的 ID 作为参数的函数
47  func (r *Runner) Add(tasks ...func(int)) {
48      r.tasks = append(r.tasks, tasks...)
49  }
50
51  // Start 执行所有任务,并监视通道事件
52  func (r *Runner) Start() error {
53      // 我们希望接收所有中断信号
54      signal.Notify(r.interrupt, os.Interrupt)
55
56      // 用不同的 goroutine 执行不同的任务
57      go func() {
58          r.complete <- r.run()
59      }()
60
61      select {
62      // 当任务处理完成时发出的信号
63      case err := <-r.complete:
64          return err
```

```
65
66        // 当任务处理程序运行超时时发出的信号
67        case <-r.timeout:
68            return ErrTimeout
69        }
70   }
71
72   // run 执行每一个已注册的任务
73   func (r *Runner) run() error {
74        for id, task := range r.tasks {
75            // 检测操作系统的中断信号
76            if r.gotInterrupt() {
77                return ErrInterrupt
78            }
79
80            // 执行已注册的任务
81            task(id)
82        }
83
84        return nil
85   }
86
87   // gotInterrupt 验证是否接收到了中断信号
88   func (r *Runner) gotInterrupt() bool {
89        select {
90        // 当中断事件被触发时发出的信号
91        case <-r.interrupt:
92            // 停止接收后续的任何信号
93            signal.Stop(r.interrupt)
95            return true
96
97        // 继续正常运行
98        default:
99            return false
100       }
101  }
```

代码清单 7-1 中的程序展示了依据调度运行的无人值守的面向任务的程序，及其所使用的并发模式。在设计上，可支持以下终止点：

- 程序可以在分配的时间内完成工作，正常终止；
- 程序没有及时完成工作，“自杀”；
- 接收到操作系统发送的中断事件，程序立刻试图清理状态并停止工作。

让我们走查一遍代码，看看每个终止点是如何实现的，如代码清单 7-2 所示。

代码清单 7-2   runner/runner.go：第 12 行到第 28 行

```
12   // Runner 在给定的超时时间内执行一组任务，
13   // 并且在操作系统发送中断信号时结束这些任务
14   type Runner struct {
15       // interrupt 通道报告从操作系统
16       // 发送的信号
```

```
17     interrupt chan os.Signal
18
19     // complete 通道报告处理任务已经完成
20     complete chan error
21
22     // timeout 报告处理任务已经超时
23     timeout <-chan time.Time
24
25     // tasks 持有一组以索引顺序依次执行的
26     // 函数
27     tasks []func(int)
28 }
```

代码清单 7-2 从第 14 行声明 Runner 结构开始。这个类型声明了 3 个通道，用来辅助管理程序的生命周期，以及用来表示顺序执行的不同任务的函数切片。

第 17 行的 interrupt 通道收发 os.Signal 接口类型的值，用来从主机操作系统接收中断事件。os.Signal 接口的声明如代码清单 7-3 所示。

代码清单 7-3   golang.org/pkg/os/#Signal

```
// Signal 用来描述操作系统发送的信号。其底层实现通常会
// 依赖操作系统的具体实现：在 UNIX 系统上是
// syscall.Signal
type Signal interface {
    String() string
    Signal()//用来区分其他 Stringer
}
```

代码清单 7-3 展示了 os.Signal 接口的声明。这个接口抽象了不同操作系统上捕获和报告信号事件的具体实现。

第二个字段被命名为 complete，是一个收发 error 接口类型值的通道，如代码清单 7-4 所示。

代码清单 7-4   runner/runner.go：第 19 行到第 20 行

```
19     // complete 通道报告处理任务已经完成
20     complete chan error
```

这个通道被命名为 complete，因为它被执行任务的 goroutine 用来发送任务已经完成的信号。如果执行任务时发生了错误，会通过这个通道发回一个 error 接口类型的值。如果没有发生错误，会通过这个通道发回一个 nil 值作为 error 接口值。

第三个字段被命名为 timeout，接收 time.Time 值，如代码清单 7-5 所示。

代码清单 7-5   runner/runner.go：第 22 行到第 23 行

```
22     // timeout 报告处理任务已经超时
23     timeout <-chan time.Time
```

这个通道用来管理执行任务的时间。如果从这个通道接收到一个 time.Time 的值，这个程

序就会试图清理状态并停止工作。

最后一个字段被命名为 tasks，是一个函数值的切片，如代码清单 7-6 所示。

代码清单 7-6 **runner**/runner.go：第 25 行到第 27 行

```
25      // tasks 持有一组以索引顺序依次执行的
26      // 函数
27      tasks []func(int)
```

这些函数值代表一个接一个顺序执行的函数。会有一个与 main 函数分离的 goroutine 来执行这些函数。

现在已经声明了 Runner 类型，接下来看一下两个 error 接口变量，这两个变量分别代表不同的错误值，如代码清单 7-7 所示。

代码清单 7-7 **runner**/runner.go：第 30 行到第 34 行

```
30 // ErrTimeout 会在任务执行超时时返回
31 var ErrTimeout = errors.New("received timeout")
32
33 // ErrInterrupt 会在接收到操作系统的事件时返回
34 var ErrInterrupt = errors.New("received interrupt")
```

第一个 error 接口变量名为 ErrTimeout。这个错误值会在收到超时事件时，由 Start 方法返回。第二个 error 接口变量名为 ErrInterrupt。这个错误值会在收到操作系统的中断事件时，由 Start 方法返回。

现在我们来看一下用户如何创建一个 Runner 类型的值，如代码清单 7-8 所示。

代码清单 7-8 **runner**/runner.go：第 36 行到第 43 行

```
36 // New 返回一个新的准备使用的 Runner
37 func New(d time.Duration) *Runner {
38     return &Runner{
39         interrupt: make(chan os.Signal, 1),
40         complete:  make(chan error),
41         timeout:   time.After(d),
42     }
43 }
```

代码清单 7-8 展示了名为 New 的工厂函数。这个函数接收一个 time.Duration 类型的值，并返回 Runner 类型的指针。这个函数会创建一个 Runner 类型的值，并初始化每个通道字段。因为 task 字段的零值是 nil，已经满足初始化的要求，所以没有被明确初始化。每个通道字段都有独立的初始化过程，让我们探究一下每个字段的初始化细节。

通道 interrupt 被初始化为缓冲区容量为 1 的通道。这可以保证通道至少能接收一个来自语言运行时的 os.Signal 值，确保语言运行时发送这个事件的时候不会被阻塞。如果 goroutine 没有准备好接收这个值，这个值就会被丢弃。例如，如果用户反复敲 Ctrl+C 组合键，程序只会在这个通道的缓冲区可用的时候接收事件，其余的所有事件都会被丢弃。

通道 complete 被初始化为无缓冲的通道。当执行任务的 goroutine 完成时，会向这个通道发送一个 error 类型的值或者 nil 值。之后就会等待 main 函数接收这个值。一旦 main 接收了这个 error 值，goroutine 就可以安全地终止了。

最后一个通道 timeout 是用 time 包的 After 函数初始化的。After 函数返回一个 time.Time 类型的通道。语言运行时会在指定的 duration 时间到期之后，向这个通道发送一个 time.Time 的值。

现在知道了如何创建并初始化一个 Runner 值，我们再来看一下与 Runner 类型关联的方法。第一个方法 Add 用来增加一个要执行的任务函数，如代码清单 7-9 所示。

代码清单 7-9　runner/runner.go：第 45 行到第 49 行

```
45  // Add 将一个任务附加到 Runner 上。这个任务是一个
46  // 接收一个 int 类型的 ID 作为参数的函数
47  func (r *Runner) Add(tasks ...func(int)) {
48      r.tasks = append(r.tasks, tasks...)
49  }
```

代码清单 7-9 展示了 Add 方法，这个方法接收一个名为 tasks 的可变参数。可变参数可以接受任意数量的值作为传入参数。这个例子里，这些传入的值必须是一个接收一个整数且什么都不返回的函数。函数执行时的参数 tasks 是一个存储所有这些传入函数值的切片。

现在让我们来看一下 run 方法，如代码清单 7-10 所示。

代码清单 7-10　runner/runner.go：第 72 行到第 85 行

```
72  // run 执行每一个已注册的任务
73  func (r *Runner) run() error {
74      for id, task := range r.tasks {
75          // 检测操作系统的中断信号
76          if r.gotInterrupt() {
77              return ErrInterrupt
78          }
79
80          // 执行已注册的任务
81          task(id)
82      }
83
84      return nil
85  }
```

代码清单 7-10 的第 73 行的 run 方法会迭代 tasks 切片，并按顺序执行每个函数。函数会在第 81 行被执行。在执行之前，会在第 76 行调用 gotInterrupt 方法来检查是否有要从操作系统接收的事件。

代码清单 7-11 中的方法 gotInterrupt 展示了带 default 分支的 select 语句的经典用法。

代码清单 7-11　***runner*/runner.go：第 87 行到第 101 行**

```
87 // gotInterrupt 验证是否接收到了中断信号
88 func (r *Runner) gotInterrupt() bool {
89     select {
90     // 当中断事件被触发时发出的信号
91     case <-r.interrupt:
92         // 停止接收后续的任何信号
93         signal.Stop(r.interrupt)
95         return true
96
97     // 继续正常运行
98     default:
99         return false
100     }
101 }
```

在第 91 行，代码试图从 interrupt 通道去接收信号。一般来说，select 语句在没有任何要接收的数据时会阻塞，不过有了第 98 行的 default 分支就不会阻塞了。default 分支会将接收 interrupt 通道的阻塞调用转变为非阻塞的。如果 interrupt 通道有中断信号需要接收，就会接收并处理这个中断。如果没有需要接收的信号，就会执行 default 分支。

当收到中断信号后，代码会通过在第 93 行调用 Stop 方法来停止接收之后的所有事件。之后函数返回 true。如果没有收到中断信号，在第 99 行该方法会返回 false。本质上，gotInterrupt 方法会让 goroutine 检查中断信号，如果没有发出中断信号，就继续处理工作。

这个包里的最后一个方法名为 Start，如代码清单 7-12 所示。

代码清单 7-12　***runner*/runner.go：第 51 行到第 70 行**

```
51 // Start 执行所有任务，并监视通道事件
52 func (r *Runner) Start() error {
53     // 我们希望接收所有中断信号
54     signal.Notify(r.interrupt, os.Interrupt)
55
56     // 用不同的 goroutine 执行不同的任务
57     go func() {
58         r.complete <- r.run()
59     }()
60
61     select {
62     // 当任务处理完成时发出的信号
63     case err := <-r.complete:
64         return err
65
66     // 当任务处理程序运行超时时发出的信号
67     case <-r.timeout:
68         return ErrTimeout
69     }
70 }
```

方法 Start 实现了程序的主流程。在代码清单 7-12 的第 52 行，Start 设置了 gotInterrupt

方法要从操作系统接收的中断信号。在第 56 行到第 59 行，声明了一个匿名函数，并单独启动 goroutine 来执行。这个 goroutine 会执行一系列被赋予的任务。在第 58 行，在 goroutine 的内部调用了 run 方法，并将这个方法返回的 error 接口值发送到 complete 通道。一旦 error 接口的值被接收，该 goroutine 就会通过通道将这个值返回给调用者。

创建 goroutine 后，Start 进入一个 select 语句，阻塞等待两个事件中的任意一个。如果从 complete 通道接收到 error 接口值，那么该 goroutine 要么在规定的时间内完成了分配的工作，要么收到了操作系统的中断信号。无论哪种情况，收到的 error 接口值都会被返回，随后方法终止。如果从 timeout 通道接收到 time.Time 值，就表示 goroutine 没有在规定的时间内完成工作。这种情况下，程序会返回 ErrTimeout 变量。

现在看过了 runner 包的代码，并了解了代码是如何工作的，让我们看一下 main.go 代码文件中的测试程序，如代码清单 7-13 所示。

代码清单 7-13　runner/main/main.go

```
01 // 这个示例程序演示如何使用通道来监视
02 // 程序运行的时间，以在程序运行时间过长
03 // 时如何终止程序
03 package main
04
05 import (
06     "log"
07     "time"
08
09     "github.com/goinaction/code/chapter7/patterns/runner"
10 )
11
12 // timeout 规定了必须在多少秒内处理完成
13 const timeout = 3 * time.Second
14
15 // main 是程序的入口
16 func main() {
17     log.Println("Starting work.")
18
19     // 为本次执行分配超时时间
20     r := runner.New(timeout)
21
22     // 加入要执行的任务
23     r.Add(createTask(), createTask(), createTask())
24
25     // 执行任务并处理结果
26     if err := r.Start(); err != nil {
27         switch err {
28         case runner.ErrTimeout:
29             log.Println("Terminating due to timeout.")
30             os.Exit(1)
31         case runner.ErrInterrupt:
32             log.Println("Terminating due to interrupt.")
33             os.Exit(2)
```

```
34              }
35          }
36
37      log.Println("Process ended.")
38  }
39
40  // createTask 返回一个根据 id
41  // 休眠指定秒数的示例任务
42  func createTask() func(int) {
43      return func(id int) {
44          log.Printf("Processor - Task #%d.", id)
45          time.Sleep(time.Duration(id) * time.Second)
46      }
47  }
```

代码清单 7-13 的第 16 行是 main 函数。在第 20 行，使用 timeout 作为超时时间传给 New 函数，并返回了一个指向 Runner 类型的指针。之后在第 23 行，使用 createTask 函数创建了几个任务，并被加入 Runner 里。在第 42 行声明了 createTask 函数。这个函数创建的任务只是休眠了一段时间，用来模拟正在进行工作。增加完任务后，在第 26 行调用了 Start 方法，main 函数会等待 Start 方法的返回。

当 Start 返回时，会检查其返回的 error 接口值，并存入 err 变量。如果确实发生了错误，代码会根据 err 变量的值来判断方法是由于超时终止的，还是由于收到了中断信号终止。如果没有错误，任务就是按时执行完成的。如果执行超时，程序就会用错误码 1 终止。如果接收到中断信号，程序就会用错误码 2 终止。其他情况下，程序会使用错误码 0 正常终止。

7.2　pool

本章会介绍 pool 包[①]。这个包用于展示如何使用有缓冲的通道实现资源池，来管理可以在任意数量的 goroutine 之间共享及独立使用的资源。这种模式在需要共享一组静态资源的情况（如共享数据库连接或者内存缓冲区）下非常有用。如果 goroutine 需要从池里得到这些资源中的一个，它可以从池里申请，使用完后归还到资源池里。

让我们看一下 pool 包里的 pool.go 代码文件，如代码清单 7-14 所示。

代码清单 7-14　pool/pool.go

```
01  // Fatih Arslan 和 Gabriel Aszalos 协助完成了这个示例
02  // 包 pool 管理用户定义的一组资源
03  package pool
04
05  import (
06      "errors"
07      "log"
```

---

① 本书是以 Go 1.5 版本为基础写作而成的。在 Go 1.6 及之后的版本中，标准库里自带了资源池的实现（sync.Pool）。推荐使用。——译者注

```
08      "io"
09      "sync"
10 )
11
12 // Pool 管理一组可以安全地在多个 goroutine 间
13 // 共享的资源。被管理的资源必须
14 // 实现 io.Closer 接口
15 type Pool struct {
16     m            sync.Mutex
17     resources    chan io.Closer
18     factory      func() (io.Closer, error)
19     closed       bool
20 }
21
22 // ErrPoolClosed 表示请求（Acquire）了一个
23 // 已经关闭的池
24 var ErrPoolClosed = errors.New("Pool has been closed.")
25
26 // New 创建一个用来管理资源的池。
27 // 这个池需要一个可以分配新资源的函数，
28 // 并规定池的大小
29 func New(fn func() (io.Closer, error), size uint) (*Pool, error) {
30     if size <= 0 {
31         return nil, errors.New("Size value too small.")
32     }
33
34     return &Pool{
35         factory:   fn,
36         resources: make(chan io.Closer, size),
37     }, nil
38 }
39
40 // Acquire 从池中获取一个资源
41 func (p *Pool) Acquire() (io.Closer, error) {
42     select {
43     // 检查是否有空闲的资源
44     case r, ok := <-p.resources:
45         log.Println("Acquire:", "Shared Resource")
46         if !ok {
47             return nil, ErrPoolClosed
48         }
49         return r, nil
50
51     // 因为没有空闲资源可用，所以提供一个新资源
52     default:
53         log.Println("Acquire:", "New Resource")
54         return p.factory()
55     }
56 }
57
58 // Release 将一个使用后的资源放回池里
59 func (p *Pool) Release(r io.Closer) {
60     // 保证本操作和 Close 操作的安全
61     p.m.Lock()
```

```
62        defer p.m.Unlock()
63
64        // 如果池已经被关闭，销毁这个资源
65        if p.closed {
66            r.Close()
67            return
68        }
69
70        select {
71        // 试图将这个资源放入队列
72        case p.resources <- r:
73            log.Println("Release:", "In Queue")
74
75        // 如果队列已满，则关闭这个资源
76        default:
77            log.Println("Release:", "Closing")
78            r.Close()
79        }
80 }
81
82 // Close 会让资源池停止工作，并关闭所有现有的资源
83 func (p *Pool) Close() {
84        // 保证本操作与 Release 操作的安全
85        p.m.Lock()
86        defer p.m.Unlock()
87
88        // 如果 pool 已经被关闭，什么也不做
89        if p.closed {
90            return
91        }
92
93        // 将池关闭
94        p.closed = true
95
96        // 在清空通道里的资源之前，将通道关闭
97        // 如果不这样做，会发生死锁
98        close(p.resources)
99
100       // 关闭资源
101       for r := range p.resources {
102           r.Close()
103       }
104 }
```

代码清单 7-14 中的 pool 包的代码声明了一个名为 Pool 的结构，该结构允许调用者根据所需数量创建不同的资源池。只要某类资源实现了 io.Closer 接口，就可以用这个资源池来管理。让我们看一下 Pool 结构的声明，如代码清单 7-15 所示。

代码清单 7-15 pool/pool.go：第 12 行到第 20 行

```
12 // Pool 管理一组可以安全地在多个 goroutine 间
13 // 共享的资源。被管理的资源必须
```

```
14 // 实现 io.Closer 接口
15 type Pool struct {
16     m          sync.Mutex
17     resources  chan io.Closer
18     factory    func() (io.Closer, error)
19     closed     bool
20 }
```

Pool 结构声明了 4 个字段，每个字段都用来辅助以 goroutine 安全的方式来管理资源池。在第 16 行，结构以一个 sync.Mutex 类型的字段开始。这个互斥锁用来保证在多个 goroutine 访问资源池时，池内的值是安全的。第二个字段名为 resources，被声明为 io.Closer 接口类型的通道。这个通道是作为一个有缓冲的通道创建的，用来保存共享的资源。由于通道的类型是一个接口，所以池可以管理任意实现了 io.Closer 接口的资源类型。

factory 字段是一个函数类型。任何一个没有输入参数且返回一个 io.Closer 和一个 error 接口值的函数，都可以赋值给这个字段。这个函数的目的是，当池需要一个新资源时，可以用这个函数创建。这个函数的实现细节超出了 pool 包的范围，并且需要由包的使用者实现并提供。

第 19 行中的最后一个字段是 closed 字段。这个字段是一个标志，表示 Pool 是否已经被关闭。现在已经了解了 Pool 结构的声明，让我们看一下第 24 行声明的 error 接口变量，如代码清单 7-16 所示。

代码清单 7-16 pool/pool.go：第 22 行到第 24 行

```
22 // ErrPoolClosed 表示请求（Acquire）了一个
23 // 已经关闭的池
24 var ErrPoolClosed = errors.New("Pool has been closed.")
```

Go 语言里会经常创建 error 接口变量。这可以让调用者来判断某个包里的函数或者方法返回的具体的错误值。当调用者对一个已经关闭的池调用 Acquire 方法时，会返回代码清单 7-16 里的 error 接口变量。因为 Acquire 方法可能返回多个不同类型的错误，所以 Pool 已经关闭时会关闭时返回这个错误变量可以让调用者从其他错误中识别出这个特定的错误。

既然已经声明了 Pool 类型和 error 接口值，我们就可以开始看一下 pool 包里声明的函数和方法了。让我们从池的工厂函数开始，这个函数名为 New，如代码清单 7-17 所示。

代码清单 7-17 pool/pool.go：第 26 行到第 38 行

```
26 // New 创建一个用来管理资源的池。
27 // 这个池需要一个可以分配新资源的函数，
28 // 并规定池的大小
29 func New(fn func() (io.Closer, error), size uint) (*Pool, error) {
30     if size <= 0 {
31         return nil, errors.New("Size value too small.")
32     }
33
34     return &Pool{
```

```
35          factory:   fn,
36          resources: make(chan io.Closer, size),
37      }, nil
38 }
```

代码清单 7-17 中的 New 函数接受两个参数，并返回两个值。第一个参数 fn 声明为一个函数类型，这个函数不接受任何参数，返回一个 io.Closer 和一个 error 接口值。这个作为参数的函数是一个工厂函数，用来创建由池管理的资源的值。第二个参数 size 表示为了保存资源而创建的有缓冲的通道的缓冲区大小。

第 30 行检查了 size 的值，保证这个值不小于等于 0。如果这个值小于等于 0，就会使用 nil 值作为返回的 pool 指针值，然后为该错误创建一个 error 接口值。因为这是这个函数唯一可能返回的错误值，所以不需要为这个错误单独创建和使用一个 error 接口变量。如果能够接受传入的 size，就会创建并初始化一个新的 Pool 值。在第 35 行，函数参数 fn 被赋值给 factory 字段，并且在第 36 行，使用 size 值创建有缓冲的通道。在 return 语句里，可以构造并初始化任何值。因此，第 34 行的 return 语句用指向新创建的 Pool 类型值的指针和 nil 值作为 error 接口值，返回给函数的调用者。

在创建并初始化 Pool 类型的值之后，接下来让我们来看一下 Acquire 方法，如代码清单 7-18 所示。这个方法可以让调用者从池里获得资源。

代码清单 7-18   pool/pool.go：第 40 行到第 56 行

```
40 // Acquire 从池中获取一个资源
41 func (p *Pool) Acquire() (io.Closer, error) {
42     select {
43     // 检查是否有空闲的资源
44     case r, ok := <-p.resources:
45         log.Println("Acquire:", "Shared Resource")
46         if !ok {
47             return nil, ErrPoolClosed
48         }
49         return r, nil
50
51     // 因为没有空闲资源可用，所以提供一个新资源
52     default:
53         log.Println("Acquire:", "New Resource")
54         return p.factory()
55     }
56 }
```

代码清单 7-18 包含了 Acquire 方法的代码。这个方法在还有可用资源时会从资源池里返回一个资源，否则会为该调用创建并返回一个新的资源。这个实现是通过 select/case 语句来检查有缓冲的通道里是否还有资源来完成的。如果通道里还有资源，如第 44 行到第 49 行所写，就取出这个资源，并返回给调用者。如果该通道里没有资源可取，就会执行 default 分支。在这个示例中，在第 54 行执行用户提供的工厂函数，并且创建并返回一个新资源。

如果不再需要已经获得的资源，必须将这个资源释放回资源池里。这是 Release 方法的任

务。不过在理解 Release 方法的代码背后的机制之前，我们需要先看一下 Close 方法，如代码清单 7-19 所示。

代码清单 7-19 pool/pool.go：第 82 行到第 104 行

```
82  // Close 会让资源池停止工作，并关闭所有现有的资源
83  func (p *Pool) Close() {
84      // 保证本操作与 Release 操作的安全
85      p.m.Lock()
86      defer p.m.Unlock()
87
88      // 如果 pool 已经被关闭，什么也不做
89      if p.closed {
90          return
91      }
92
93      // 将池关闭
94      p.closed = true
95
96      // 在清空通道里的资源之前，将通道关闭
97      // 如果不这样做，会发生死锁
98      close(p.resources)
99
100     // 关闭资源
101     for r := range p.resources {
102         r.Close()
103     }
104 }
```

一旦程序不再使用资源池，需要调用这个资源池的 Close 方法。代码清单 7-19 中展示了 Close 方法的代码。在第 98 行到第 101 行，这个方法关闭并清空了有缓冲的通道，并将缓冲的空闲资源关闭。需要注意的是，在同一时刻只能有一个 goroutine 执行这段代码。事实上，当这段代码被执行时，必须保证其他 goroutine 中没有同时执行 Release 方法。你一会儿就会理解为什么这很重要。

在第 85 行到第 86 行，互斥量被加锁，并在函数返回时解锁。在第 89 行，检查 closed 标志，判断池是不是已经关闭。如果已经关闭，该方法会直接返回，并释放锁。如果这个方法第一次被调用，就会将这个标志设置为 true，并关闭且清空 resources 通道。

现在我们可以看一下 Release 方法，看看这个方法是如何和 Close 方法配合的，如代码清单 7-20 所示。

代码清单 7-20 pool/pool.go：第 58 行到第 80 行

```
58  // Release 将一个使用后的资源放回池里
59  func (p *Pool) Release(r io.Closer) {
60      // 保证本操作和 Close 操作的安全
61      p.m.Lock()
62      defer p.m.Unlock()
63
```

```
64        // 如果池已经被关闭，销毁这个资源
65        if p.closed {
66            r.Close()
67            return
68        }
69
70        select {
71        // 试图将这个资源放入队列
72        case p.resources <- r:
73            log.Println("Release:", "In Queue")
74
75        // 如果队列已满，则关闭这个资源
76        default:
77            log.Println("Release:", "Closing")
78            r.Close()
79        }
80 }
```

在代码清单 7-20 中可以找到 Release 方法的实现。该方法一开始在第 61 行和第 62 行对互斥量进行加锁和解锁。这和 Close 方法中的互斥量是同一个互斥量。这样可以阻止这两个方法在不同 goroutine 里同时运行。使用互斥量有两个目的。第一，可以保护第 65 行中读取 closed 标志的行为，保证同一时刻不会有其他 goroutine 调用 Close 方法写同一个标志。第二，我们不想往一个已经关闭的通道里发送数据，因为那样会引起崩溃。如果 closed 标志是 true，我们就知道 resources 通道已经被关闭。

在第 66 行，如果池已经被关闭，会直接调用资源值 r 的 Close 方法。因为这时已经清空并关闭了池，所以无法将资源重新放回到该资源池里。对 closed 标志的读写必须进行同步，否则可能误导其他 goroutine，让其认为该资源池依旧是打开的，并试图对通道进行无效的操作。

现在看过了池的代码，了解了池是如何工作的，让我们看一下 main.go 代码文件里的测试程序，如代码清单 7-21 所示。

代码清单 7-21　pool/main/main.go

```
01 // 这个示例程序展示如何使用 pool 包
02 // 来共享一组模拟的数据库连接
03 package main
04
05 import (
06     "log"
07     "io"
08     "math/rand"
09     "sync"
10     "sync/atomic"
11     "time"
12
13     "github.com/goinaction/code/chapter7/patterns/pool"
14 )
15
16 const (
```

```
17      maxGoroutines   = 25 // 要使用的 goroutine 的数量
18      pooledResources = 2  // 池中的资源的数量
19 )
20
21 // dbConnection 模拟要共享的资源
22 type dbConnection struct {
23      ID int32
24 }
25
26 // Close 实现了 io.Closer 接口，以便 dbConnection
27 // 可以被池管理。Close 用来完成任意资源的
28 // 释放管理
29 func (dbConn *dbConnection) Close() error {
30      log.Println("Close: Connection", dbConn.ID)
31      return nil
32 }
33
34 // idCounter 用来给每个连接分配一个独一无二的 id
35 var idCounter int32
36
37 // createConnection 是一个工厂函数，
38 // 当需要一个新连接时，资源池会调用这个函数
39 func createConnection() (io.Closer, error) {
40      id := atomic.AddInt32(&idCounter, 1)
41      log.Println("Create: New Connection", id)
42
43      return &dbConnection{id}, nil
44 }
45
46 // main 是所有 Go 程序的入口
47 func main() {
48      var wg sync.WaitGroup
49      wg.Add(maxGoroutines)
50
51      // 创建用来管理连接的池
52      p, err := pool.New(createConnection, pooledResources)
53      if err != nil {
54          log.Println(err)
55      }
56
57      // 使用池里的连接来完成查询
58      for query := 0; query < maxGoroutines; query++ {
59          // 每个 goroutine 需要自己复制一份要
60          // 查询值的副本，不然所有的查询会共享
61          // 同一个查询变量
62          go func(q int) {
63              performQueries(q, p)
64              wg.Done()
65          }(query)
66      }
67
68      // 等待 goroutine 结束
69      wg.Wait()
70
```

```
71      // 关闭池
72      log.Println("Shutdown Program.")
73      p.Close()
74  }
75
76  // performQueries 用来测试连接的资源池
77  func performQueries(query int, p *pool.Pool) {
78      // 从池里请求一个连接
79      conn, err := p.Acquire()
80      if err != nil {
81          log.Println(err)
82          return
83      }
84
85      // 将该连接释放回池里
86      defer p.Release(conn)
87
88      // 用等待来模拟查询响应
89      time.Sleep(time.Duration(rand.Intn(1000)) * time.Millisecond)
90      log.Printf("QID[%d] CID[%d]\n", query, conn.(*dbConnection).ID)
91  }
```

代码清单 7-21 展示的 main.go 中的代码使用 pool 包来管理一组模拟数据库连接的连接池。代码一开始声明了两个常量 maxGoroutines 和 pooledResource，用来设置 goroutine 的数量以及程序将要使用资源的数量。资源的声明以及 io.Closer 接口的实现如代码清单 7-22 所示。

代码清单 7-22　pool/main/main.go：第 21 行到第 32 行

```
21  // dbConnection 模拟要共享的资源
22  type dbConnection struct {
23      ID int32
24  }
25
26  // Close 实现了 io.Closer 接口，以便 dbConnection
27  // 可以被池管理。Close 用来完成任意资源的
28  // 释放管理
29  func (dbConn *dbConnection) Close() error {
30      log.Println("Close: Connection", dbConn.ID)
31      return nil
32  }
```

代码清单 7-22 展示了 dbConnection 结构的声明以及 io.Closer 接口的实现。dbConnection 类型模拟了管理数据库连接的结构，当前版本只包含一个字段 ID，用来保存每个连接的唯一标识。Close 方法只是报告了连接正在被关闭，并显示出要关闭连接的标识。

接下来我们来看一下创建 dbConnection 值的工厂函数，如代码清单 7-23 所示。

代码清单 7-23　pool/main/main.go：第 34 行到第 44 行

```
34  // idCounter 用来给每个连接分配一个独一无二的 id
```

```
35  var idCounter int32
36
37  // createConnection 是一个工厂函数,
38  // 当需要一个新连接时, 资源池会调用这个函数
39  func createConnection() (io.Closer, error) {
40      id := atomic.AddInt32(&idCounter, 1)
41      log.Println("Create: New Connection", id)
42
43      return &dbConnection{id}, nil
44  }
```

代码清单 7-23 展示了 createConnection 函数的实现。这个函数给连接生成了一个唯一标识, 显示连接正在被创建, 并返回指向带有唯一标识的 dbConnection 类型值的指针。唯一标识是通过 atomic.AddInt32 函数生成的。这个函数可以安全地增加包级变量 idCounter 的值。现在有了资源以及工厂函数, 我们可以配合使用 pool 包了。

接下来让我们看一下 main 函数的代码, 如代码清单 7-24 所示。

代码清单 7-24   **pool**/main/main.go: 第 48 行到第 55 行

```
48      var wg sync.WaitGroup
49      wg.Add(maxGoroutines)
50
51      // 创建用来管理连接的池
52      p, err := pool.New(createConnection, pooledResources)
53      if err != nil {
54          log.Println(err)
55      }
```

在第 48 行, main 函数一开始就声明了一个 WaitGroup 值, 并将 WaitGroup 的值设置为要创建的 goroutine 的数量。之后使用 pool 包里的 New 函数创建了一个新的 Pool 类型。工厂函数和要管理的资源的数量会传入 New 函数。这个函数会返回一个指向 Pool 值的指针, 并检查可能的错误。现在我们有了一个 Pool 类型的资源池实例, 就可以创建 goroutine, 并使用这个资源池在 goroutine 之间共享资源, 如代码清单 7-25 所示。

代码清单 7-25   **pool**/main/main.go: 第 57 行到第 66 行

```
57      // 使用池里的连接来完成查询
58      for query := 0; query < maxGoroutines; query++ {
59          // 每个 goroutine 需要自己复制一份要
60          // 查询值的副本, 不然所有的查询会共享
61          // 同一个查询变量
62          go func(q int) {
63              performQueries(q, p)
64              wg.Done()
65          }(query)
66      }
```

代码清单 7-25 中用一个 for 循环创建要使用池的 goroutine。每个 goroutine 调用一次 performQueries 函数然后退出。performQueries 函数需要传入一个唯一的 ID 值用于做日

志以及一个指向 Pool 的指针。一旦所有的 goroutine 都创建完成,main 函数就等待所有 goroutine 执行完毕, 如代码清单 7-26 所示。

代码清单 7-26　pool/main/main.go:第 68 行到第 73 行

```
68    // 等待 goroutine 结束
69    wg.Wait()
70
71    // 关闭池
72    log.Println("Shutdown Program.")
73    p.Close()
```

在代码清单 7-26 中,main 函数等待 WaitGroup 实例的 Wait 方法执行完成。一旦所有 goroutine 都报告其执行完成, 就关闭 Pool, 并且终止程序。接下来, 让我们看一下 performQueries 函数。这个函数使用了池的 Acquire 方法和 Release 方法, 如代码清单 7-27 所示。

代码清单 7-27　pool/main/main.go:第 76 行到第 91 行

```
76  // performQueries 用来测试连接的资源池
77  func performQueries(query int, p *pool.Pool) {
78      // 从池里请求一个连接
79      conn, err := p.Acquire()
80      if err != nil {
81          log.Println(err)
82          return
83      }
84
85      // 将该连接释放回池里
86      defer p.Release(conn)
87
88      // 用等待来模拟查询响应
89      time.Sleep(time.Duration(rand.Intn(1000)) * time.Millisecond)
90      log.Printf("QID[%d] CID[%d]\n", query, conn.(*dbConnection).ID)
91  }
```

代码清单 7-27 展示了 performQueries 的实现。这个实现使用了 pool 的 Acquire 方法和 Release 方法。这个函数首先调用了 Acquire 方法, 从池里获得 dbConnection。之后会检查返回的 error 接口值, 在第 86 行, 再使用 defer 语句在函数退出时将 dbConnection 释放回池里。在第 89 行和第 90 行, 随机休眠一段时间, 以此来模拟使用 dbConnection 工作时间。

7.3　work

　　work 包的目的是展示如何使用无缓冲的通道来创建一个 goroutine 池, 这些 goroutine 执行并控制一组工作, 让其并发执行。在这种情况下, 使用无缓冲的通道要比随意指定一个缓冲区大小的有缓冲的通道好, 因为这个情况下既不需要一个工作队列, 也不需要一组 goroutine 配合执行。无缓冲的通道保证两个 goroutine 之间的数据交换。这种使用无缓冲的通道的方法允许使用者知道什么时候 goroutine 池正在执行工作，而且如果池里的所有 goroutine 都忙，无法接受新的工作的时候，也能及时通过通道来通知调用者。使用无缓冲的通道不会有工作在队列里丢失或者卡住，所有工作都会被处理。

让我们来看一下 work 包里的 work.go 代码文件，如代码清单 7-28 所示。

代码清单 7-28 **work/work.go**

```
01 // Jason Waldrip 协助完成了这个示例
02 // work 包管理一个 goroutine 池来完成工作
03 package work
04
05 import "sync"
06
07 // Worker 必须满足接口类型，
08 // 才能使用工作池
09 type Worker interface {
10     Task()
11 }
12
13 // Pool 提供一个 goroutine 池，这个池可以完成
14 // 任何已提交的 Worker 任务
15 type Pool struct {
16     work chan Worker
17     wg   sync.WaitGroup
18 }
19
20 // New 创建一个新工作池
21 func New(maxGoroutines int) *Pool {
22     p := Pool{
23         work: make(chan Worker),
24     }
25
26     p.wg.Add(maxGoroutines)
27     for i := 0; i < maxGoroutines; i++ {
28         go func() {
29             for w := range p.work {
30                 w.Task()
31             }
32             p.wg.Done()
33         }()
34     }
35
36     return &p
37 }
38
39 // Run 提交工作到工作池
40 func (p *Pool) Run(w Worker) {
41     p.work <- w
42 }
43
```

```
44 // Shutdown 等待所有 goroutine 停止工作
45 func (p *Pool) Shutdown() {
46     close(p.work)
47     p.wg.Wait()
48 }
```

代码清单 7-28 中展示的 work 包一开始声明了名为 Worker 的接口和名为 Pool 的结构，
如代码清单 7-29 所示。

代码清单 7-29　**work**/work.go：第 07 行到第 18 行

```
07 // Worker 必须满足接口类型，
08 // 才能使用工作池
09 type Worker interface {
10     Task()
11 }
12
13 // Pool 提供一个 goroutine 池，这个池可以完成
14 // 任何已提交的 Worker 任务
15 type Pool struct {
16     work chan Worker
17     wg   sync.WaitGroup
18 }
```

代码清单 7-29 的第 09 行中的 Worker 接口声明了一个名为 Task 的方法。在第 15 行，声
明了名为 Pool 的结构，这个结构类型实现了 goroutine 池，并实现了一些处理工作的方法。这
个结构类型声明了两个字段，一个名为 work（一个 Worker 接口类型的通道），另一个名为 wg
的 sync.WaitGroup 类型。

接下来，让我们来看一下 work 包的工厂函数，如代码清单 7-30 所示。

代码清单 7-30　**work**/work.go：第 20 行到第 37 行

```
20 // New 创建一个新工作池
21 func New(maxGoroutines int) *Pool {
22     p := Pool{
23         work: make(chan Worker),
24     }
25
26     p.wg.Add(maxGoroutines)
27     for i := 0; i < maxGoroutines; i++ {
28         go func() {
29             for w := range p.work {
30                 w.Task()
31             }
32             p.wg.Done()
33         }()
34     }
35
36     return &p
37 }
```

代码清单 7-30 展示了 New 函数，这个函数使用固定数量的 goroutine 来创建一个工作池。goroutine 的数量作为参数传给 New 函数。在第 22 行，创建了一个 Pool 类型的值，并使用无缓冲的通道来初始化 work 字段。

之后，在第 26 行，初始化 WaitGroup 需要等待的数量，并在第 27 行到第 34 行，创建了同样数量的 goroutine。这些 goroutine 只接收 Worker 类型的接口值，并调用这个值的 Task 方法，如代码清单 7-31 所示。

代码清单 7-31　**work**/work.go：第 28 行到第 33 行

```
28          go func() {
29              for w := range p.work {
30                  w.Task()
31              }
32              p.wg.Done()
33          }()
```

代码清单 7-31 里的 for range 循环会一直阻塞，直到从 work 通道收到一个 Worker 接口值。如果收到一个值，就会执行这个值的 Task 方法。一旦 work 通道被关闭，for range 循环就会结束，并调用 WaitGroup 的 Done 方法。然后 goroutine 终止。

现在我们可以创建一个等待并执行工作的 goroutine 池了。让我们看一下如何向池里提交工作，如代码清单 7-32 所示。

代码清单 7-32　**work**/work.go：第 39 行到第 42 行

```
39 // Run 提交工作到工作池
40 func (p *Pool) Run(w Worker) {
41     p.work <- w
42 }
```

代码清单 7-32 展示了 Run 方法。这个方法可以向池里提交工作。该方法接受一个 Worker 类型的接口值作为参数，并将这个值通过 work 通道发送。由于 work 通道是一个无缓冲的通道，调用者必须等待工作池里的某个 goroutine 接收到这个值才会返回。这正是我们想要的，这样可以保证调用的 Run 返回时，提交的工作已经开始执行。

在某个时间点，需要关闭工作池。这是 Shutdown 方法所做的事情，如代码清单 7-33 所示。

代码清单 7-33　**work**/work.go：第 44 行到第 48 行

```
44 // Shutdown 等待所有 goroutine 停止工作
45 func (p *Pool) Shutdown() {
46     close(p.work)
47     p.wg.Wait()
48 }
```

代码清单 7-33 中的 Shutdown 方法做了两件事，首先，它关闭了 work 通道，这会导致所有池里的 goroutine 停止工作，并调用 WaitGroup 的 Done 方法；然后，Shutdown 方法调用 WaitGroup 的 Wait 方法，这会让 Shutdown 方法等待所有 goroutine 终止。

我们看了 work 包的代码,并了解了它是如何工作的,接下来让我们看一下 main.go 源代码文件中的测试程序,如代码清单 7-34 所示。

代码清单 7-34 **work**/main/main.go

```
01 // 这个示例程序展示如何使用 work 包
02 // 创建一个 goroutine 池并完成工作
03 package main
04
05 import (
06     "log"
07     "sync"
08     "time"
09
10     "github.com/goinaction/code/chapter7/patterns/work"
11 )
12
13 // names 提供了一组用来显示的名字
14 var names = []string{
15     "steve",
16     "bob",
17     "mary",
18     "therese",
19     "jason",
20 }
21
22 // namePrinter 使用特定方式打印名字
23 type namePrinter struct {
24     name string
25 }
26
27 // Task 实现 Worker 接口
28 func (m *namePrinter) Task() {
29     log.Println(m.name)
30     time.Sleep(time.Second)
31 }
32
33 // main 是所有 Go 程序的入口
34 func main() {
35     // 使用两个 goroutine 来创建工作池
36     p := work.New(2)
37
38     var wg sync.WaitGroup
39     wg.Add(100 * len(names))
40
41     for i := 0; i < 100; i++ {
42         // 迭代 names 切片
43         for _, name := range names {
44             // 创建一个 namePrinter 并提供
45             // 指定的名字
46             np := namePrinter{
47                 name: name,
48             }
```

```
49
50              go func() {
51                      // 将任务提交执行。当 Run 返回时
52                      // 我们就知道任务已经处理完成
53                      p.Run(&np)
54                      wg.Done()
55              }()
56          }
57      }
58
59      wg.Wait()
60
61      // 让工作池停止工作，等待所有现有的
62      // 工作完成
63      p.Shutdown()
64 }
```

代码清单 7-34 展示了使用 work 包来完成名字显示工作的测试程序。这段代码一开始在第 14 行声明了名为 names 的包级的变量，这个变量被声明为一个字符串切片。这个切片使用 5 个名字进行了初始化。然后声明了名为 namePrinter 的类型，如代码清单 7-35 所示。

```
22 // namePrinter 使用特定方式打印名字
23 type namePrinter struct {
24     name string
25 }
26
27 // Task 实现 Worker 接口
28 func (m *namePrinter) Task() {
29     log.Println(m.name)
30     time.Sleep(time.Second)
31 }
```

在代码清单 7-35 的第 23 行，声明了 namePrinter 类型，接着是这个类型对 Worker 接口的实现。这个类型的工作任务是在显示器上显示名字。这个类型只包含一个字段，即 name，它包含要显示的名字。Worker 接口的实现 Task 函数用 log.Println 函数来显示名字，之后等待 1 秒再退出。等待这 1 秒只是为了让测试程序运行的速度慢一些，以便看到并发的效果。

有了 Worker 接口的实现，我们就可以看一下 main 函数内部的代码了，如代码清单 7-36 所示。

```
33 // main 是所有 Go 程序的入口
34 func main() {
35     // 使用两个 goroutine 来创建工作池
36     p := work.New(2)
37
38     var wg sync.WaitGroup
39     wg.Add(100 * len(names))
```

```
40
41      for i := 0; i < 100; i++ {
42          // 迭代 names 切片
43          for _, name := range names {
44              // 创建一个 namePrinter 并提供
45              // 指定的名字
46              np := namePrinter{
47                  name: name,
48              }
49
50              go func() {
51                  // 将任务提交执行。当 Run 返回时
52                  // 我们就知道任务已经处理完成
53                  p.Run(&np)
54                  wg.Done()
55              }()
56          }
57      }
58
59      wg.Wait()
60
61      // 让工作池停止工作，等待所有现有的
62      // 工作完成
63      p.Shutdown()
64  }
```

在代码清单 7-36 第 36 行，调用 work 包里的 New 函数创建一个工作池。这个调用传入的参数是 2，表示这个工作池只会包含两个执行任务的 goroutine。在第 38 行和第 39 行，声明了一个 WaitGroup，并初始化为要执行任务的 goroutine 数。在这个例子里，names 切片里的每个名字都会创建 100 个 goroutine 来提交任务。这样就会有一堆 goroutine 互相竞争，将任务提交到池里。

在第 41 行到第 43 行，内部和外部的 for 循环用来声明并创建所有的 goroutine。每次内部循环都会创建一个 namePrinter 类型的值，并提供一个用来打印的名字。之后，在第 50 行，声明了一个匿名函数，并创建一个 goroutine 执行这个函数。这个 goroutine 会调用工作池的 Run 方法，将 namePrinter 的值提交到池里。一旦工作池里的 goroutine 接收到这个值，Run 方法就会返回。这也会导致 goroutine 将 WaitGroup 的计数递减，并终止 goroutine。

一旦所有的 goroutine 都创建完成，main 函数就会调用 WaitGroup 的 Wait 方法。这个调用会等待所有创建的 goroutine 提交它们的工作。一旦 Wait 返回，就会调用工作池的 Shutdown 方法来关闭工作池。Shutdown 方法直到所有的工作都做完才会返回。在这个例子里，最多只会等待两个工作的完成。

7.4   小结

- 可以使用通道来控制程序的生命周期。
- 带 default 分支的 select 语句可以用来尝试向通道发送或者接收数据，而不会阻塞。

- 有缓冲的通道可以用来管理一组可复用的资源。
- 语言运行时会处理好通道的协作和同步。
- 使用无缓冲的通道来创建完成工作的 goroutine 池。
- 任何时间都可以用无缓冲的通道来让两个 goroutine 交换数据,在通道操作完成时一定保证对方接收到了数据。

第 8 章　标准库

本章主要内容

- 输出数据以及记录日志
- 对 JSON 进行编码和解码
- 处理输入/输出，并以流的方式处理数据
- 让标准库里多个包协同工作

　　什么是 Go 标准库？为什么这个库这么重要？Go 标准库是一组核心包，用来扩展和增强语言的能力。这些包为语言增加了大量不同的类型。开发人员可以直接使用这些类型，而不用再写自己的包或者去下载其他人发布的第三方包。由于这些包和语言绑在一起发布，它们会得到以下特殊的保证：

- 每次语言更新，哪怕是小更新，都会带有标准库；
- 这些标准库会严格遵守向后兼容的承诺；
- 标准库是 Go 语言开发、构建、发布过程的一部分；
- 标准库由 Go 的构建者们维护和评审；
- 每次 Go 语言发布新版本时，标准库都会被测试，并评估性能。

　　这些保证让标准库变得很特殊，开发人员应该尽量利用这些标准库。使用标准库里的包可以使管理代码变得更容易，并且保证代码的稳定。不用担心程序无法兼容不同的 Go 语言版本，也不用管理第三方依赖。

　　如果标准库包含的包不够好用，那么这些好处实际上没什么用。Go 语言社区的开发者会比其他语言的开发者更依赖这些标准库里的包的原因是，标准库本身是经过良好设计的，并且比其他语言的标准库提供了更多的功能。社区里的 Go 开发者会依赖这些标准库里的包做更多其他语言中开发者无法做的事情，例如，网络、HTTP、图像处理、加密等。

　　本章中我们会大致了解标准库的一部分包。之后，我们会更详细地探讨 3 个非常有用的包：log、json 和 io。这些包也展示了 Go 语言提供的重要且有用的机制。

8.1 文档与源代码

标准库里包含众多的包，不可能在一章内把这些包都讲一遍。目前，标准库里总共有超过 100 个包，这些包被分到 38 个类别里，如代码清单 8-1 所示。

代码清单 8-1 标准库里的顶级目录和包

```
archive   bufio     bytes     compress  container  crypto    database
debug     encoding  errors    expvar    flag       fmt       go
hash      html      image     index     io         log       math
mime      net       os        path      reflect    regexp    runtime
sort      strconv   strings   sync      syscall    testing   text
time      unicode   unsafe
```

代码清单 8-1 里列出的许多分类本身就是一个包。如果想了解所有包以及更详细的描述，Go 语言团队在网站上维护了一个文档，参见 http://golang.org/pkg/。

`golang` 网站的 `pkg` 页面提供了每个包的 `godoc` 文档。图 8-1 展示了 `golang` 网站上 `io` 包的文档。

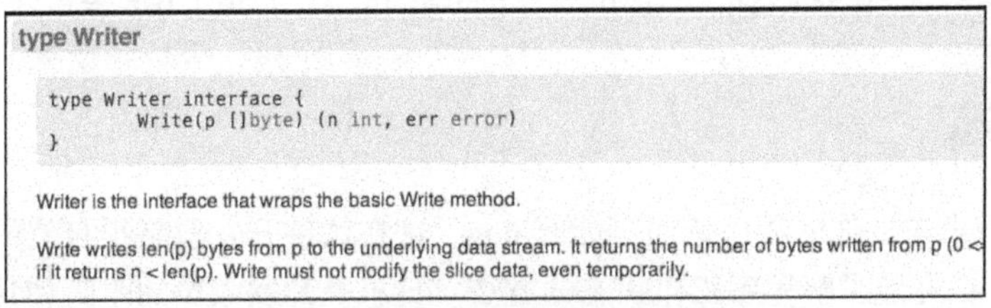
type Writer
type Writer interface {
Write(p []byte) (n int, err error)
}
Writer is the interface that wraps the basic Write method.
Write writes len(p) bytes from p to the underlying data stream. It returns the number of bytes written from p (0 <
if it returns n < len(p). Write must not modify the slice data, even temporarily.

图 8-1 golang.org/pkg/io/#Writer

如果想以交互的方式浏览文档，Sourcegraph 索引了所有标准库的代码，以及大部分包含 Go 代码的公开库。图 8-2 是 Sourcegraph 网站的一个例子，展示的是 `io` 包的文档。

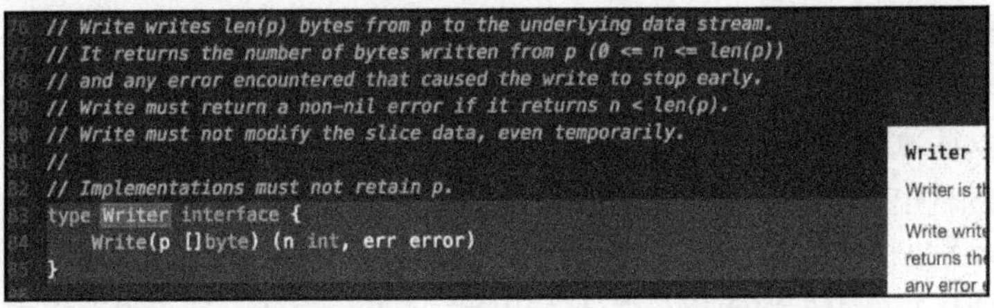
// Write writes len(p) bytes from p to the underlying data stream.
// It returns the number of bytes written from p (0 <= n <= len(p))
// and any error encountered that caused the write to stop early.
// Write must return a non-nil error if it returns n < len(p).
// Write must not modify the slice data, even temporarily.
//
// Implementations must not retain p.
type Writer interface {
Write(p []byte) (n int, err error)
}
Writer

图 8-2 sourcegraph.com/code.google.com/p/go/.GoPackage/io/.def/Writer

不管用什么方式安装 Go，标准库的源代码都会安装在$GOROOT/src/pkg 文件夹中。拥有标准库的源代码对 Go 工具正常工作非常重要。类似 `godoc`、`gocode` 甚至 `go build` 这些工具，都需要读取标准库的源代码才能完成其工作。如果源代码没有安装在以上文件夹中，或者无法通过$GOROOT 变量访问，在试图编译程序时会产生错误。

作为 Go 发布包的一部分，标准库的源代码是经过预编译的。这些预编译后的文件，称作归档文件（archive file），可以在$GOROOT/pkg 文件夹中找到已经安装的各目标平台和操作系统的归档文件。在图 8-3 里，可以看到扩展名是.a 的文件，这些就是归档文件。

图 8-3　pkg 文件夹中的归档文件的文件夹的视图

这些文件是特殊的 Go 静态库文件，由 Go 的构建工具创建，并在编译和链接最终程序时被使用。归档文件可以让构建的速度更快。但是在构建的过程中，没办法指定这些文件，所以没办法与别人共享这些文件。Go 工具链知道什么时候可以使用已有的.a 文件，什么时候需要从机器上的源代码重新构建。

有了这些背景知识，让我们看一下标准库里的几个包，看看如何用这些包来构建自己的程序。

8.2　记录日志

即便没有表现出来，你的程序依旧可能有 bug。这在软件开发里是很自然的事情。日志是一种找到这些 bug，更好地了解程序工作状态的方法。日志是开发人员的眼睛和耳朵，可以用来跟踪、调试和分析代码。基于此，标准库提供了 log 包，可以对日志做一些最基本的配置。根据特殊需要，开发人员还可以自己定制日志记录器。

在 UNIX 里，日志有很长的历史。这些积累下来的经验都体现在 log 包的设计里。传统的CLI（命令行界面）程序直接将输出写到名为 stdout 的设备上。所有的操作系统上都有这种设备，这种设备的默认目的地是标准文本输出。默认设置下，终端会显示这些写到 stdout 设备上的文本。这种单个目的地的输出用起来很方便，不过你总会碰到需要同时输出程序信息和输出执行细节的情况。这些执行细节被称作日志。当想要记录日志时，你希望能写到不同的目的地，这样就不会将程序的输出和日志混在一起了。

为了解决这个问题，UNIX 架构上增加了一个叫作 stderr 的设备。这个设备被创建为日志的默认目的地。这样开发人员就能将程序的输出和日志分离开来。如果想在程序运行时同时看到程序输出和日志，可以将终端配置为同时显示写到 stdout 和 stderr 的信息。不过，如果用户的程序只记录日志，没有程序输出，更常用的方式是将一般的日志信息写到 stdout，将错误或者警告信息写到 stderr。

8.2.1　log 包

让我们从 log 包提供的最基本的功能开始，之后再学习如何创建定制的日志记录器。记录日志的目的是跟踪程序什么时候在什么位置做了什么。这就需要通过某些配置在每个日志项上要写的一些信息，如代码清单 8-2 所示。

代码清单 8-2　跟踪日志的样例

```
TRACE: 2009/11/10 23:00:00.000000 /tmpfs/gosandbox-/prog.go:14: message
```

在代码清单 8-2 中，可以看到一个由 log 包产生的日志项。这个日志项包含前缀、日期时间戳、该日志具体是由哪个源文件记录的、源文件记录日志所在行，最后是日志消息。让我们看一下如何配置 log 包来输出这样的日志项，如代码清单 8-3 所示。

代码清单 8-3　listing03.go

```
01 // 这个示例程序展示如何使用最基本的 log 包
02 package main
03
04 import (
05     "log"
06 )
07
08 func init() {
09     log.SetPrefix("TRACE: ")
10     log.SetFlags(log.Ldate | log.Lmicroseconds | log.Llongfile)
11 }
12
13 func main() {
14     // Println 写到标准日志记录器
15     log.Println("message")
16
17     // Fatalln 在调用 Println() 之后会接着调用 os.Exit(1)
18     log.Fatalln("fatal message")
19
20     // Panicln 在调用 Println() 之后会接着调用 panic()
21     log.Panicln("panic message")
22 }
```

如果执行代码清单 8-3 中的程序，输出的结果会和代码清单 8-2 所示的输出类似。让我们分析一下代码清单 8-4 中的代码，看看它是如何工作的。

代码清单 8-4　listing03.go：第 08 行到第 11 行

```
08 func init() {
09     log.SetPrefix("TRACE: ")
10     log.SetFlags(log.Ldate | log.Lmicroseconds | log.Llongfile)
11 }
```

在第 08 行到第 11 行，定义的函数名为 init()。这个函数会在运行 main() 之前作为程序初始化的一部分执行。通常程序会在这个 init() 函数里配置日志参数，这样程序一开始就能使用 log 包进行正确的输出。在这段程序的第 9 行，设置了一个字符串，作为每个日志项的前缀。这个字符串应该是能让用户从一般的程序输出中分辨出日志的字符串。传统上这个字符串的字符会全部大写。

　　有几个和 log 包相关联的标志，这些标志用来控制可以写到每个日志项的其他信息。代码清单 8-5 展示了目前包含的所有标志。

代码清单 8-5　golang.org/src/log/log.go

```
const (
    // 将下面的位使用或运算符连接在一起，可以控制要输出的信息。没有
    // 办法控制这些信息出现的顺序（下面会给出顺序）或者打印的格式
    // （格式在注释里描述）。这些项后面会有一个冒号：
    //    2009/01/23 01:23:23.123123 /a/b/c/d.go:23: message

    // 日期：2009/01/23
    Ldate = 1 << iota

    // 时间：01:23:23
    Ltime

    // 毫秒级时间：01:23:23.123123。该设置会覆盖 Ltime 标志
    Lmicroseconds

    // 完整路径的文件名和行号：/a/b/c/d.go:23
    Llongfile

    // 最终的文件名元素和行号：d.go:23
    // 覆盖 Llongfile
    Lshortfile

    // 标准日志记录器的初始值
    LstdFlags = Ldate | Ltime
)
```

　　代码清单 8-5 是从 log 包里直接摘抄的源代码。这些标志被声明为常量，这个代码块中的第一个常量叫作 Ldate，使用了特殊的语法来声明，如代码清单 8-6 所示。

代码清单 8-6　声明 Ldate 常量

```
// 日期：2009/01/23
Ldate = 1 << iota
```

　　关键字 iota 在常量声明区里有特殊的作用。这个关键字让编译器为每个常量复制相同的表达式，直到声明区结束，或者遇到一个新的赋值语句。关键字 iota 的另一个功能是，iota 的初始值为 0，之后 iota 的值在每次处理为常量后，都会自增 1。让我们更仔细地看一下这个关键字，如代码清单 8-7 所示。

代码清单 8-7 使用关键字 `iota`

```
const (
  Ldate = 1 << iota   // 1 << 0 = 000000001 = 1
  Ltime               // 1 << 1 = 000000010 = 2
  Lmicroseconds       // 1 << 2 = 000000100 = 4
  Llongfile           // 1 << 3 = 000001000 = 8
  Lshortfile          // 1 << 4 = 000010000 = 16
  ...
)
```

代码清单 8-7 展示了常量声明背后的处理方法。操作符<<对左边的操作数执行按位左移操作。在每个常量声明时，都将 1 按位左移 `iota` 个位置。最终的效果使为每个常量赋予一个独立位置的位，这正好是标志希望的工作方式。

常量 `LstdFlags` 展示了如何使用这些标志，如代码清单 8-8 所示。

代码清单 8-8 声明 `LstdFlags` 常量

```
const (
  ...
  LstdFlags = Ldate(1) | Ltime(2) = 00000011 = 3
)
```

在代码清单 8-8 中看到，因为使用了复制操作符，`LstdFlags` 打破了 `iota` 常数链。由于有|运算符用于执行或操作，常量 `LstdFlags` 被赋值为 3。对位进行或操作等同于将每个位置的位组合在一起，作为最终的值。如果对位 1 和 2 进行或操作，最终的结果就是 3。

让我们看一下我们要如何设置日志标志，如代码清单 8-9 所示。

代码清单 8-9 listing03.go：第 08 行到第 11 行

```
08 func init() {
09     ...
10     log.SetFlags(log.Ldate | log.Lmicroseconds | log.Llongfile)
11 }
```

这里我们将 `Ldate`、`Lmicroseconds` 和 `Llongfile` 标志组合在一起，将该操作的值传入 `SetFlags` 函数。这些标志值组合在一起后，最终的值是 13，代表第 1、3 和 4 位为 1（00001101）。由于每个常量表示单独一个位，这些标志经过或操作组合后的值，可以表示每个需要的日志参数。之后 `log` 包会按位检查这个传入的整数值，按照需求设置日志项记录的信息。

初始完 `log` 包后，可以看一下 `main()` 函数，看它是如何写消息的，如代码清单 8-10 所示。

代码清单 8-10 listing03.go：第 13 行到第 22 行

```
13 func main() {
14     // Println 写到标准日志记录器
15     log.Println("message")
16
17     // Fatalln 在调用 Println()之后会接着调用 os.Exit(1)
```

```
18      log.Fatalln("fatal message")
19
20      // Panicln 在调用 Println()之后会接着调用 panic()
21      log.Panicln("panic message")
22 }
```

代码清单 8-10 展示了如何使用 3 个函数 Println、Fatalln 和 Panicln 来写日志消息。这些函数也有可以格式化消息的版本，只需要用 f 替换结尾的 ln。Fatal 系列函数用来写日志消息，然后使用 os.Exit(1) 终止程序。Panic 系列函数用来写日志消息，然后触发一个 panic。除非程序执行 recover 函数，否则会导致程序打印调用栈后终止。Print 系列函数是写日志消息的标准方法。

log 包有一个很方便的地方就是，这些日志记录器是多 goroutine 安全的。这意味着在多个 goroutine 可以同时调用来自同一个日志记录器的这些函数，而不会有彼此间的写冲突。标准日志记录器具有这一性质，用户定制的日志记录器也应该满足这一性质。

现在知道了如何使用和配置 log 包，让我们看一下如何创建一个定制的日志记录器，以便可以让不同等级的日志写到不同的目的地。

8.2.2　定制的日志记录器

要想创建一个定制的日志记录器，需要创建一个 Logger 类型值。可以给每个日志记录器配置一个单独的目的地，并独立设置其前缀和标志。让我们来看一个示例程序，这个示例程序展示了如何创建不同的 Logger 类型的指针变量来支持不同的日志等级，如代码清单 8-11 所示。

代码清单 8-11　listing11.go

```
01 // 这个示例程序展示如何创建定制的日志记录器
02 package main
03
04 import (
05      "io"
06      "io/ioutil"
07      "log"
08      "os"
09 )
10
11 var (
12      Trace   *log.Logger // 记录所有日志
13      Info    *log.Logger // 重要的信息
14      Warning *log.Logger // 需要注意的信息
15      Error   *log.Logger // 非常严重的问题
16 )
17
18 func init() {
19      file, err := os.OpenFile("errors.txt",
20          os.O_CREATE|os.O_WRONLY|os.O_APPEND, 0666)
21      if err != nil {
```

```
22          log.Fatalln("Failed to open error log file:", err)
23      }
24
25      Trace = log.New(ioutil.Discard,
26          "TRACE: ",
27          log.Ldate|log.Ltime|log.Lshortfile)
28
29      Info = log.New(os.Stdout,
30          "INFO: ",
31          log.Ldate|log.Ltime|log.Lshortfile)
32
33      Warning = log.New(os.Stdout,
34          "WARNING: ",
35          log.Ldate|log.Ltime|log.Lshortfile)
36
37      Error = log.New(io.MultiWriter(file, os.Stderr),
38          "ERROR: ",
39          log.Ldate|log.Ltime|log.Lshortfile)
40 }
41
42 func main() {
43      Trace.Println("I have something standard to say")
44      Info.Println("Special Information")
45      Warning.Println("There is something you need to know about")
46      Error.Println("Something has failed")
47 }
```

代码清单 8-11 展示了一段完整的程序，这段程序创建了 4 种不同的 Logger 类型的指针变量，分别命名为 Trace、Info、Warning 和 Error。每个变量使用不同的配置，用来表示不同的重要程度。让我们来分析一下这段代码是如何工作的。

在第 11 行到第 16 行，我们为 4 个日志等级声明了 4 个 Logger 类型的指针变量，如代码清单 8-12 所示。

代码清单 8-12　listing11.go：第 11 行到第 16 行

```
11 var (
12      Trace   *log.Logger // 记录所有日志
13      Info    *log.Logger // 重要的信息
14      Warning *log.Logger // 需要注意的信息
15      Error   *log.Logger // 非常严重的问题
16 )
```

在代码清单 8-12 中可以看到对 Logger 类型的指针变量的声明。我们使用的变量名很简短，但是含义明确。接下来，让我们看一下 init() 函数的代码是如何创建每个 Logger 类型的值并将其地址赋给每个变量的，如代码清单 8-13 所示。

代码清单 8-13　listing11.go：第 25 行到第 39 行

```
25      Trace = log.New(ioutil.Discard,
26          "TRACE: ",
27          log.Ldate|log.Ltime|log.Lshortfile)
```

```
28
29      Info = log.New(os.Stdout,
30          "INFO: ",
31          log.Ldate|log.Ltime|log.Lshortfile)
32
33      Warning = log.New(os.Stdout,
34          "WARNING: ",
35          log.Ldate|log.Ltime|log.Lshortfile)
36
37      Error = log.New(io.MultiWriter(file, os.Stderr),
38          "ERROR: ",
39          log.Ldate|log.Ltime|log.Lshortfile)
```

为了创建每个日志记录器，我们使用了 log 包的 New 函数，它创建并正确初始化一个 Logger 类型的值。函数 New 会返回新创建的值的地址。在 New 函数创建对应值的时候，我们需要给它传入一些参数，如代码清单 8-14 所示。

代码清单 8-14　golang.org/src/log/log.go

```
// New 创建一个新的 Logger。out 参数设置日志数据将被写入的目的地
// 参数 prefix 会在生成的每行日志的最开始出现
// 参数 flag 定义日志记录包含哪些属性
func New(out io.Writer, prefix string, flag int) *Logger {
    return &Logger{out: out, prefix: prefix, flag: flag}
}
```

代码清单 8-14 展示了来自 log 包的源代码里的 New 函数的声明。第一个参数 out 指定了日志要写到的目的地。这个参数传入的值必须实现了 io.Writer 接口。第二个参数 prefix 是之前看到的前缀，而日志的标志则是最后一个参数。

在这个程序里，Trace 日志记录器使用了 ioutil 包里的 Discard 变量作为写到的目的地，如代码清单 8-15 所示。

代码清单 8-15　listing11.go：第 25 行到第 27 行

```
25      Trace = log.New(ioutil.Discard,
26          "TRACE: ",
27          log.Ldate|log.Ltime|log.Lshortfile)
```

变量 Discard 有一些有意思的属性，如代码清单 8-16 所示。

代码清单 8-16　golang.org/src/io/ioutil/ioutil.go

```
// devNull 是一个用 int 作为基础类型的类型
type devNull int

// Discard 是一个 io.Writer，所有的 Write 调用都不会有动作，但是会成功返回
var Discard io.Writer = devNull(0)

// io.Writer 接口的实现
func (devNull) Write(p []byte) (int, error) {
```

```
        return len(p), nil
    }
```

代码清单 8-16 展示了 Discard 变量的声明以及相关的实现。Discard 变量的类型被声明为 io.Writer 接口类型,并被给定了一个 devNull 类型的值 0。基于 devNull 类型实现的 Write 方法,会忽略所有写入这一变量的数据。当某个等级的日志不重要时,使用 Discard 变量可以禁用这个等级的日志。

日志记录器 Info 和 Warning 都使用 stdout 作为日志输出,如代码清单 8-17 所示。

代码清单 8-17 listing11.go:第 29 行到第 35 行

```
29      Info = log.New(os.Stdout,
30          "INFO: ",
31          log.Ldate|log.Ltime|log.Lshortfile)
32
33      Warning = log.New(os.Stdout,
34          "WARNING: ",
35          log.Ldate|log.Ltime|log.Lshortfile)
```

变量 Stdout 的声明也有一些有意思的地方,如代码清单 8-18 所示。

代码清单 8-18 golang.org/src/os/file.go

```
// Stdin、Stdout 和 Stderr 是已经打开的文件,分别指向标准输入、标准输出和
// 标准错误的文件描述符
var (
    Stdin  = NewFile(uintptr(syscall.Stdin), "/dev/stdin")
    Stdout = NewFile(uintptr(syscall.Stdout), "/dev/stdout")
    Stderr = NewFile(uintptr(syscall.Stderr), "/dev/stderr")
)

os/file_unix.go

// NewFile 用给出的文件描述符和名字返回一个新 File
func NewFile(fd uintptr, name string) *File {
```

在代码清单 8-18 中可以看到 3 个变量的声明,分别表示所有操作系统里都有的 3 个标准输入/输出,即 Stdin、Stdout 和 Stderr。这 3 个变量都被声明为 File 类型的指针,这个类型实现了 io.Writer 接口。有了这个知识,我们来看一下最后的日志记录器 Error,如代码清单 8-19 所示。

代码清单 8-19 listing11.go:第 37 行到第 39 行

```
37      Error = log.New(io.MultiWriter(file, os.Stderr),
38          "ERROR: ",
39          log.Ldate|log.Ltime|log.Lshortfile)
```

在代码清单 8-19 中可以看到 New 函数的第一个参数来自一个特殊的函数。这个特殊的函数就是 io 包里的 MultiWriter 函数,如代码清单 8-20 所示。

代码清单 8-20　包 **io** 里的 **MultiWriter** 函数的声明

```
io.MultiWriter(file, os.Stderr)
```

代码清单 8-20 单独展示了 MultiWriter 函数的调用。这个函数调用会返回一个 io.Writer 接口类型值，这个值包含之前打开的文件 file，以及 stderr。MultiWriter 函数是一个变参函数，可以接受任意个实现了 io.Writer 接口的值。这个函数会返回一个 io.Writer 值，这个值会把所有传入的 io.Writer 的值绑在一起。当对这个返回值进行写入时，会向所有绑在一起的 io.Writer 值做写入。这让类似 log.New 这样的函数可以同时向多个 Writer 做输出。现在，当我们使用 Error 记录器记录日志时，输出会同时写到文件和 stderr。

现在知道了该如何创建定制的记录器了，让我们看一下如何使用这些记录器来写日志消息，如代码清单 8-21 所示。

代码清单 8-21　listing11.go：第 42 行到第 47 行

```
42 func main() {
43     Trace.Println("I have something standard to say")
44     Info.Println("Special Information")
45     Warning.Println("There is something you need to know about")
46     Error.Println("Something has failed")
47 }
```

代码清单 8-21 展示了代码清单 8-11 中的 main() 函数。在第 43 行到第 46 行，我们用自己创建的每个记录器写一条消息。每个记录器变量都包含一组方法，这组方法与 log 包里实现的那组函数完全一致，如代码清单 8-22 所示。

代码清单 8-22 展示了为 Logger 类型实现的所有方法。

代码清单 8-22　不同的日志方法的声明

```
func (l *Logger) Fatal(v ...interface{})
func (l *Logger) Fatalf(format string, v ...interface{})
func (l *Logger) Fatalln(v ...interface{})
func (l *Logger) Flags() int
func (l *Logger) Output(calldepth int, s string) error
func (l *Logger) Panic(v ...interface{})
func (l *Logger) Panicf(format string, v ...interface{})
func (l *Logger) Panicln(v ...interface{})
func (l *Logger) Prefix() string
func (l *Logger) Print(v ...interface{})
func (l *Logger) Printf(format string, v ...interface{})
func (l *Logger) Println(v ...interface{})
func (l *Logger) SetFlags(flag int)
func (l *Logger) SetPrefix(prefix string)
```

8.2.3　结论

log 包的实现，是基于对记录日志这个需求长时间的实践和积累而形成的。将输出写到

stdout，将日志记录到 stderr，是很多基于命令行界面（CLI）的程序的惯常使用的方法。不过如果你的程序只输出日志，那么使用 stdout、stderr 和文件来记录日志是很好的做法。

　　标准库的 log 包包含了记录日志需要的所有功能，推荐使用这个包。我们可以完全信任这个包的实现，不仅仅是因为它是标准库的一部分，而且社区也广泛使用它。

8.3　编码/解码

　　许多程序都需要处理或者发布数据，不管这个程序是要使用数据库，进行网络调用，还是与分布式系统打交道。如果程序需要处理 XML 或者 JSON，可以使用标准库里名为 xml 和 json 的包，它们可以处理这些格式的数据。如果想实现自己的数据格式的编解码，可以将这些包的实现作为指导。

　　在今天，JSON 远比 XML 流行。这主要是因为与 XML 相比，使用 JSON 需要处理的标签更少。而这就意味着网络传输时每个消息的数据更少，从而提升整个系统的性能。而且，JSON 可以转换为 BSON（Binary JavaScript Object Notation，二进制 JavaScript 对象标记），进一步缩小每个消息的数据长度。因此，我们会学习如何在 Go 应用程序里处理并发布 JSON。处理 XML 的方法也很类似。

8.3.1　解码 JSON

　　我们要学习的处理 JSON 的第一个方面是，使用 json 包的 NewDecoder 函数以及 Decode 方法进行解码。如果要处理来自网络响应或者文件的 JSON，那么一定会用到这个函数及方法。让我们来看一个处理 Get 请求响应的 JSON 的例子，这个例子使用 http 包获取 Google 搜索 API 返回的 JSON。代码清单 8-23 展示了这个响应的内容。

代码清单 8-23　Google 搜索 API 的 JSON 响应例子

```json
{
    "responseData": {
        "results": [
            {
                "GsearchResultClass": "GwebSearch",
                "unescapedUrl": "https://www.reddit.com/r/golang",
                "url": "https://www.reddit.com/r/golang",
                "visibleUrl": "www.reddit.com",
                "cacheUrl": "http://www.google.com/search?q=cache:W...",
                "title": "r/\u003cb\u003eGolang\u003c/b\u003e - Reddit",
                "titleNoFormatting": "r/Golang - Reddit",
                "content": "First Open Source \u003cb\u003eGolang\u003e..."
            },
            {
                "GsearchResultClass": "GwebSearch",
                "unescapedUrl": "http://tour.golang.org/",
```

```
        "url": "http://tour.golang.org/",
        "visibleUrl": "tour.golang.org",
        "cacheUrl": "http://www.google.com/search?q=cache:O...",
        "title": "A Tour of Go",
        "titleNoFormatting": "A Tour of Go",
        "content": "Welcome to a tour of the Go programming ..."
      }
    ]
  }
}
```

代码清单 8-24 给出的是如何获取响应并将其解码到一个结构类型里的例子。

代码清单 8-24　listing24.go

```
01 // 这个示例程序展示如何使用 json 包和 NewDecoder 函数
02 // 来解码 JSON 响应
03 package main
04
05 import (
06     "encoding/json"
07     "fmt"
08     "log"
09     "net/http"
10 )
11
12 type (
13     // gResult 映射到从搜索拿到的结果文档
14     gResult struct {
15         GsearchResultClass string `json:"GsearchResultClass"`
16         UnescapedURL       string `json:"unescapedUrl"`
17         URL                string `json:"url"`
18         VisibleURL         string `json:"visibleUrl"`
19         CacheURL           string `json:"cacheUrl"`
20         Title              string `json:"title"`
21         TitleNoFormatting  string `json:"titleNoFormatting"`
22         Content            string `json:"content"`
23     }
24
25     // gResponse 包含顶级的文档
26     gResponse struct {
27         ResponseData struct {
28             Results []gResult `json:"results"`
29         } `json:"responseData"`
30     }
31 )
32
33 func main() {
34     uri := "http://ajax.googleapis.com/ajax/services/search/web?v=1.0&rsz=8&q=golang"
35
36     // 向 Google 发起搜索
37     resp, err := http.Get(uri)
38     if err != nil {
39         log.Println("ERROR:", err)
```

```
40          return
41      }
42      defer resp.Body.Close()
43
44      // 将 JSON 响应解码到结构类型
45      var gr gResponse
46      err = json.NewDecoder(resp.Body).Decode(&gr)
47      if err != nil {
48          log.Println("ERROR:", err)
49          return
50      }
51
52      fmt.Println(gr)
53 }
```

代码清单 8-24 中代码的第 37 行，展示了程序做了一个 HTTP Get 调用，希望从 Google 得到一个 JSON 文档。之后，在第 46 行使用 NewDecoder 函数和 Decode 方法，将响应返回的 JSON 文档解码到第 26 行声明的一个结构类型的变量里。在第 52 行，将这个变量的值写到 stdout。

如果仔细看第 26 行和第 14 行的 gResponse 和 gResult 的类型声明，你会注意到每个字段最后使用单引号声明了一个字符串。这些字符串被称作标签（tag），是提供每个字段的元信息的一种机制，将 JSON 文档和结构类型里的字段一一映射起来。如果不存在标签，编码和解码过程会试图以大小写无关的方式，直接使用字段的名字进行匹配。如果无法匹配，对应的结构类型里的字段就包含其零值。

执行 HTTP Get 调用和解码 JSON 到结构类型的具体技术细节都由标准库包办了。让我们看一下标准库里 NewDecoder 函数和 Decode 方法的声明，如代码清单 8-25 所示。

代码清单 8-25　golang.org/src/encoding/json/stream.go

```
// NewDecoder 返回从 r 读取的解码器
//
// 解码器自己会进行缓冲，而且可能会从 r 读比解码 JSON 值
// 所需的更多的数据
func NewDecoder(r io.Reader) *Decoder

// Decode 从自己的输入里读取下一个编码好的 JSON 值，
// 并存入 v 所指向的值里
//
// 要知道从 JSON 转换为 Go 的值的细节，
// 请查看 Unmarshal 的文档
func (dec *Decoder) Decode(v interface{}) error
```

在代码清单 8-25 中可以看到 NewDecoder 函数接受一个实现了 io.Reader 接口类型的值作为参数。在下一节，我们会更详细地介绍 io.Reader 和 io.Writer 接口，现在只需要知道标准库里的许多不同类型，包括 http 包里的一些类型，都实现了这些接口就行。只要类型实现了这些接口，就可以自动获得许多功能的支持。

函数 NewDecoder 返回一个指向 Decoder 类型的指针值。由于 Go 语言支持复合语句调用，

可以直接调用从 NewDecoder 函数返回的值的 Decode 方法，而不用把这个返回值存入变量。在代码清单 8-25 里，可以看到 Decode 方法接受一个 interface{} 类型的值做参数，并返回一个 error 值。

在第 5 章中曾讨论过，任何类型都实现了一个空接口 interface{}。这意味着 Decode 方法可以接受任意类型的值。使用反射，Decode 方法会拿到传入值的类型信息。然后，在读取 JSON 响应的过程中，Decode 方法会将对应的响应解码为这个类型的值。这意味着用户不需要创建对应的值，Decode 会为用户做这件事情，如代码清单 8-26 所示。

在代码清单 8-26 中，我们向 Decode 方法传入了指向 gResponse 类型的指针变量的地址，而这个地址的实际值为 nil。该方法调用后，这个指针变量会被赋给一个 gResponse 类型的值，并根据解码后的 JSON 文档做初始化。

代码清单 8-26　使用 Decode 方法

```
var gr gResponse
err = json.NewDecoder(resp.Body).Decode(&gr)
```

有时，需要处理的 JSON 文档会以 string 的形式存在。在这种情况下，需要将 string 转换为 byte 切片（[]byte），并使用 json 包的 Unmarshal 函数进行反序列化的处理，如代码清单 8-27 所示。

代码清单 8-27　listing27.go

```
01 // 这个示例程序展示如何解码 JSON 字符串
02 package main
03
04 import (
05     "encoding/json"
06     "fmt"
07     "log"
08 )
09
10 // Contact 结构代表我们的 JSON 字符串
11 type Contact struct {
12     Name    string `json:"name"`
13     Title   string `json:"title"`
14     Contact struct {
15         Home string `json:"home"`
16         Cell string `json:"cell"`
17     } `json:"contact"`
18 }
19
20 // JSON 包含用于反序列化的演示字符串
21 var JSON = `{
22     "name": "Gopher",
23     "title": "programmer",
24     "contact": {
25         "home": "415.333.3333",
```

```
26            "cell": "415.555.5555"
27        }
28  }`
29
30  func main() {
31      // 将 JSON 字符串反序列化到变量
32      var c Contact
33      err := json.Unmarshal([]byte(JSON), &c)
34      if err != nil {
35          log.Println("ERROR:", err)
36          return
37      }
38
39      fmt.Println(c)
40  }
```

在代码清单 8-27 中，我们的例子将 JSON 文档保存在一个字符串变量里，并使用 Unmarshal 函数将 JSON 文档解码到一个结构类型的值里。如果运行这个程序，会得到代码清单 8-28 所示的输出。

代码清单 8-28　listing27.go 的输出

```
{Gopher programmer {415.333.3333 415.555.5555}}
```

有时，无法为 JSON 的格式声明一个结构类型，而是需要更加灵活的方式来处理 JSON 文档。在这种情况下，可以将 JSON 文档解码到一个 map 变量中，如代码清单 8-29 所示。

代码清单 8-29　listing29.go

```
01  // 这个示例程序展示如何解码 JSON 字符串
02  package main
03
04  import (
05      "encoding/json"
06      "fmt"
07      "log"
08  )
09
10  // JSON 包含要反序列化的样例字符串
11  var JSON = `{
12      "name": "Gopher",
13      "title": "programmer",
14      "contact": {
15          "home": "415.333.3333",
16          "cell": "415.555.5555"
17      }
18  }`
19
20  func main() {
21      // 将 JSON 字符串反序列化到 map 变量
22      var c map[string]interface{}
23      err := json.Unmarshal([]byte(JSON), &c)
24      if err != nil {
25          log.Println("ERROR:", err)
```

```
26          return
27      }
28
29      fmt.Println("Name:", c["name"])
30      fmt.Println("Title:", c["title"])
31      fmt.Println("Contact")
32      fmt.Println("H:", c["contact"].(map[string]interface{})["home"])
33      fmt.Println("C:", c["contact"].(map[string]interface{})["cell"])
34 }
```

代码清单 8-29 中的程序修改自代码清单 8-27，将其中的结构类型变量替换为 map 类型的变量。变量 c 声明为一个 map 类型，其键是 string 类型，其值是 interface{} 类型。这意味着这个 map 类型可以使用任意类型的值作为给定键的值。虽然这种方法为处理 JSON 文档带来了很大的灵活性，但是却有一个小缺点。让我们看一下访问 contact 子文档的 home 字段的代码，如代码清单 8-30 所示。

代码清单 8-30　访问解组后的映射的字段的代码

```
fmt.Println("\tHome:", c["contact"].(map[string]interface{})["home"])
```

因为每个键的值的类型都是 interface{}，所以必须将值转换为合适的类型，才能处理这个值。代码清单 8-30 展示了如何将 contact 键的值转换为另一个键是 string 类型，值是 interface{} 类型的 map 类型。这有时会使映射里包含另一个文档的 JSON 文档处理起来不那么友好。但是，如果不需要深入正在处理的 JSON 文档，或者只打算做很少的处理，因为不需要声明新的类型，使用 map 类型会很快。

8.3.2　编码 JSON

我们要学习的处理 JSON 的第二个方面是，使用 json 包的 MarshalIndent 函数进行编码。这个函数可以很方便地将 Go 语言的 map 类型的值或者结构类型的值转换为易读格式的 JSON 文档。序列化（marshal）是指将数据转换为 JSON 字符串的过程。下面是一个将 map 类型转换为 JSON 字符串的例子，如代码清单 8-31 所示。

代码清单 8-31　listing31.go

```
01 // 这个示例程序展示如何序列化 JSON 字符串
02 package main
03
04 import (
05      "encoding/json"
06      "fmt"
07      "log"
08 )
09
10 func main() {
11      // 创建一个保存键值对的映射
```

```
12     c := make(map[string]interface{})
13     c["name"] = "Gopher"
14     c["title"] = "programmer"
15     c["contact"] = map[string]interface{}{
16         "home": "415.333.3333",
17         "cell": "415.555.5555",
18     }
19
20     // 将这个映射序列化到 JSON 字符串
21     data, err := json.MarshalIndent(c, "", "    ")
22     if err != nil {
23         log.Println("ERROR:", err)
24         return
25     }
26
27     fmt.Println(string(data))
28 }
```

代码清单 8-31 展示了如何使用 json 包的 MarshalIndent 函数将一个 map 值转换为 JSON 字符串。函数 MarshalIndent 返回一个 byte 切片，用来保存 JSON 字符串和一个 error 值。下面来看一下 json 包中 MarshalIndent 函数的声明，如代码清单 8-32 所示。

```
// MarshalIndent 很像 Marshal，只是用缩进对输出进行格式化
func MarshalIndent(v interface{}, prefix, indent string) ([]byte, error) {
```

在 MarshalIndent 函数里再一次看到使用了空接口类型 interface{}。函数 MarshalIndent 会使用反射来确定如何将 map 类型转换为 JSON 字符串。

如果不需要输出带有缩进格式的 JSON 字符串，json 包还提供了名为 Marshal 的函数来进行编码。这个函数产生的 JSON 字符串很适合作为在网络响应（如 Web API）的数据。函数 Marshal 的工作原理和函数 MarshalIndent 一样，只不过没有用于前缀 prefix 和缩进 indent 的参数。

8.3.3　结论

在标准库里都已经提供了处理 JSON 和 XML 格式所需的诸如解码、反序列化以及序列化数据的功能。随着每次 Go 语言新版本的发布，这些包的执行速度也越来越快。这些包是处理 JSON 和 XML 的最佳选择。由于有反射包和标签的支持，可以很方便地声明一个结构类型，并将其中的字段映射到需要处理和发布的文档的字段。由于 json 包和 xml 包都支持 io.Reader 和 io.Writer 接口，用户不用担心自己的 JSON 和 XML 文档源于哪里。所有的这些特性都让处理 JSON 和 XML 变得很容易。

8.4　输入和输出

类 UNIX 的操作系统如此伟大的一个原因是，一个程序的输出可以是另一个程序的输入这一

理念。依照这个哲学，这类操作系统创建了一系列的简单程序，每个程序只做一件事，并把这件事做得非常好。之后，将这些程序组合在一起，可以创建一些脚本做一些很惊艳的事情。这些程序使用 stdin 和 stdout 设备作为通道，在进程之间传递数据。

同样的理念扩展到了标准库的 io 包，而且提供的功能很神奇。这个包可以以流的方式高效处理数据，而不用考虑数据是什么，数据来自哪里，以及数据要发送到哪里的问题。与 stdout 和 stdin 对应，这个包含有 io.Writer 和 io.Reader 两个接口。所有实现了这两个接口的类型的值，都可以使用 io 包提供的所有功能，也可以用于其他包里接受这两个接口的函数以及方法。这是用接口类型来构造函数和 API 最美妙的地方。开发人员可以基于这些现有功能进行组合，利用所有已经存在的实现，专注于解决业务问题。

有了这个概念，让我们先看一下 io.Writer 和 io.Reader 接口的声明，然后再来分析展示了 io 包神奇功能的代码。

8.4.1　Writer 和 Reader 接口

io 包是围绕着实现了 io.Writer 和 io.Reader 接口类型的值而构建的。由于 io.Writer 和 io.Reader 提供了足够的抽象，这些 io 包里的函数和方法并不知道数据的类型，也不知道这些数据在物理上是如何读和写的。让我们先来看一下 io.Writer 接口的声明，如代码清单 8-33 所示。

代码清单 8-33　io.Writer 接口的声明

```
type Writer interface {
    Write(p []byte) (n int, err error)
}
```

代码清单 8-33 展示了 io.Writer 接口的声明。这个接口声明了唯一一个方法 Write，这个方法接受一个 byte 切片，并返回两个值。第一个值是写入的字节数，第二个值是 error 错误值。代码清单 8-34 给出的是实现这个方法的一些规则。

代码清单 8-34　io.Writer 接口的文档

Write 从 p 里向底层的数据流写入 len(p) 字节的数据。这个方法返回从 p 里写出的字节数（0 <= n <= len(p)），以及任何可能导致写入提前结束的错误。Write 在返回 n < len(p) 的时候，必须返回某个非 nil 值的 error。Write 绝不能改写切片里的数据，哪怕是临时修改也不行。

代码清单 8-34 中的规则来自标准库。这些规则意味着 Write 方法的实现需要试图写入被传入的 byte 切片里的所有数据。但是，如果无法全部写入，那么该方法就一定会返回一个错误。返回的写入字节数可能会小于 byte 切片的长度，但不会出现大于的情况。最后，不管什么情况，都不能修改 byte 切片里的数据。

让我们看一下 Reader 接口的声明，如代码清单 8-35 所示。

代码清单 8-35　io.Reader 接口的声明

```
type Reader interface {
    Read(p []byte) (n int, err error)
}
```

代码清单 8-35 中的 io.Reader 接口声明了一个方法 Read,这个方法接受一个 byte 切片,并返回两个值。第一个值是读入的字节数, 第二个值是 error 错误值。代码清单 8-36 给出的是实现这个方法的一些规则。

代码清单 8-36　io.Reader 接口的文档

(1) Read 最多读入 len(p) 字节,保存到 p。这个方法返回读入的字节数（0 <= n <= len(p)）和任何读取时发生的错误。即便 Read 返回的 n < len(p),方法也可能使用所有 p 的空间存储临时数据。如果数据可以读取,但是字节长度不足 len(p),习惯上 Read 会立刻返回可用的数据,而不等待更多的数据。

(2) 当成功读取 n > 0 字节后,如果遇到错误或者文件读取完成,Read 方法会返回读入的字节数。方法可能会在本次调用返回一个非 nil 的错误,或者在下一次调用时返回错误（同时 n == 0）。这种情况的一个例子是, 在输入的流结束时,Read 会返回非零的读取字节数,可能会返回 err == EOF,也可能会返回 err == nil。无论如何,下一次调用 Read 应该返回 0, EOF。

(3) 调用者在返回的 n > 0 时,总应该先处理读入的数据,再处理错误 err。这样才能正确操作读取一部分字节后发生的 I/O 错误。EOF 也要这样处理。

(4) Read 的实现不鼓励返回 0 个读取字节的同时,返回 nil 值的错误。调用者需要将这种返回状态视为没有做任何操作,而不是遇到读取结束。

标准库里列出了实现 Read 方法的 4 条规则。第一条规则表明,该实现需要试图读取数据来填满被传入的 byte 切片。允许出现读取的字节数小于 byte 切片的长度,并且如果在读取时已经读到数据但是数据不足以填满 byte 切片时,不应该等待新数据,而是要直接返回已读数据。

第二条规则提供了应该如何处理达到文件末尾（EOF）的情况的指导。当读到最后一个字节时,可以有两种选择。一种是 Read 返回最终读到的字节数,并且返回 EOF 作为错误值,另一种是返回最终读到的字节数,并返回 nil 作为错误值。在后一种情况下,下一次读取的时候,由于没有更多的数据可供读取,需要返回 0 作为读到的字节数,以及 EOF 作为错误值。

第三条规则是给调用 Read 的人的建议。任何时候 Read 返回了读取的字节数,都应该优先处理这些读取到的字节,再去检查 EOF 错误值或者其他错误值。最终, 第四条约束建议 Read 方法的实现永远不要返回 0 个读取字节的同时返回 nil 作为错误值。如果没有读到值,Read 应该总是返回一个错误。

现在知道了 io.Writer 和 io.Reader 接口是什么样子的,以及期盼的行为是什么,让我们看一下如何在程序里使用这些接口以及 io 包。

8.4.2　整合并完成工作

这个例子展示标准库里不同包是如何通过支持实现了 io.Writer 接口类型的值来一起完成

工作的。这个示例里使用了 bytes、fmt 和 os 包来进行缓冲、拼接和写字符串到 stdout，如代码清单 8-37 所示。

代码清单 8-37　listing37.go

```
01  // 这个示例程序展示来自不同标准库的不同函数是如何
02  // 使用 io.Writer 接口的
03  package main
04
05  import (
06      "bytes"
07      "fmt"
08      "os"
09  )
10
11  // main 是应用程序的入口
12  func main() {
13      // 创建一个 Buffer 值，并将一个字符串写入 Buffer
14      // 使用实现 io.Writer 的 Write 方法
15      var b bytes.Buffer
16      b.Write([]byte("Hello "))
17
18      // 使用 Fprintf 来将一个字符串拼接到 Buffer 里
19      // 将 bytes.Buffer 的地址作为 io.Writer 类型值传入
20      fmt.Fprintf(&b, "World!")
21
22      // 将 Buffer 的内容输出到标准输出设备
23      // 将 os.File 值的地址作为 io.Writer 类型值传入
24      b.WriteTo(os.Stdout)
25  }
```

运行代码清单 8-37 中的程序会得到代码清单 8-38 所示的输出。

代码清单 8-38　listing37.go 的输出

```
Hello World!
```

这个程序使用了标准库的 3 个包来将"Hello World!"输出到终端窗口。一开始，程序在第 15 行声明了一个 bytes 包里的 Buffer 类型的变量，并使用零值初始化。在第 16 行创建了一个 byte 切片，并用字符串"Hello"初始化了这个切片。byte 切片随后被传入 Write 方法，成为 Buffer 类型变量里的初始内容。

第 20 行使用 fmt 包里的 Fprintf 函数将字符串"World!"追加到 Buffer 类型变量里。让我们看一下 Fprintf 函数的声明，如代码清单 8-39 所示。

代码清单 8-39　golang.org/src/fmt/print.go

```
// Fprintf 根据格式化说明符来格式写入内容，并输出到 w
// 这个函数返回写入的字节数，以及任何遇到的错误
func Fprintf(w io.Writer, format string, a ...interface{}) (n int, err error)
```

需要注意 Fprintf 函数的第一个参数。这个参数需要接收一个实现了 io.Writer 接口类型的值。因为我们传入了之前创建的 Buffer 类型值的地址，这意味着 bytes 包里的 Buffer 类型必须实现了这个接口。那么在 bytes 包的源代码里，我们应该能找到为 Buffer 类型声明的 Write 方法，如代码清单 8-40 所示。

代码清单 8-40　golang.org/src/bytes/buffer.go

```
// Write 将 p 的内容追加到缓冲区，如果需要，会增大缓冲区的空间。返回值 n 是
// p 的长度，err 总是 nil。如果缓冲区变得太大，Write 会引起崩溃...
func (b *Buffer) Write(p []byte) (n int, err error) {
    b.lastRead = opInvalid
    m := b.grow(len(p))
    return copy(b.buf[m:], p), nil
}
```

代码清单 8-40 展示了 Buffer 类型的 Write 方法的当前版本的实现。由于实现了这个方法，指向 Buffer 类型的指针就满足了 io.Writer 接口，可以将指针作为第一个参数传入 Fprintf。在这个例子里，我们使用 Fprintf 函数，最终通过 Buffer 实现的 Write 方法，将"World!"字符串追加到 Buffer 类型变量的内部缓冲区。

让我们看一下代码清单 8-37 的最后几行，如代码清单 8-41 所示，将整个 Buffer 类型变量的内容写到 stdout。

代码清单 8-41　listing37.go：第 22 行到第 25 行

```
22 // 将 Buffer 的内容输出到标准输出设备
23    // 将 os.File 值的地址作为 io.Writer 类型值传入
24    b.WriteTo(os.Stdout)
25 }
```

在代码清单 8-37 的第 24 行，使用 WriteTo 方法将 Buffer 类型的变量的内容写到 stdout 设备。这个方法接受一个实现了 io.Writer 接口的值。在这个程序里，传入的值是 os 包的 Stdout 变量的值，如代码清单 8-42 所示。

代码清单 8-42　golang.org/src/os/file.go

```
var (
    Stdin  = NewFile(uintptr(syscall.Stdin), "/dev/stdin")
    Stdout = NewFile(uintptr(syscall.Stdout), "/dev/stdout")
    Stderr = NewFile(uintptr(syscall.Stderr), "/dev/stderr")
)
```

这些变量自动声明为 NewFile 函数返回的类型，如代码清单 8-43 所示。

代码清单 8-43　golang.org/src/os/file_unix.go

```
// NewFile 返回一个具有给定的文件描述符和名字的新 File
func NewFile(fd uintptr, name string) *File {
    fdi := int(fd)
```

```
        if fdi < 0 {
            return nil
        }
        f := &File{&file{fd: fdi, name: name}}
        runtime.SetFinalizer(f.file, (*file).close)
        return f
    }
```

就像在代码清单 8-43 里看到的那样，NewFile 函数返回一个指向 File 类型的指针。这就是 Stdout 变量的类型。既然我们可以将这个类型的指针作为参数传入 WriteTo 方法，那么这个类型一定实现了 io.Writer 接口。在 os 包的源代码里，我们应该能找到 Write 方法，如代码清单 8-44 所示。

```
    // Write 将 len(b) 个字节写入 File
    // 这个方法返回写入的字节数，如果有错误，也会返回错误
    // 如果 n != len(b)，Write 会返回一个非 nil 的错误
    func (f *File) Write(b []byte) (n int, err error) {
        if f == nil {
            return 0, ErrInvalid
        }
        n, e := f.write(b)
        if n < 0 {
            n = 0
        }
        if n != len(b) {
            err = io.ErrShortWrite
        }

        epipecheck(f, e)
        if e != nil {
            err = &PathError{"write", f.name, e}
        }
        return n, err
    }
```

没错，代码清单 8-44 中的代码展示了 File 类型指针实现 io.Writer 接口类型的代码。让我们再看一下代码清单 8-37 的第 24 行，如代码清单 8-45 所示。

```
    22      // 将 Buffer 的内容输出到标准输出设备
    23      // 将 os.File 值的地址作为 io.Writer 类型值传入
    24      b.WriteTo(os.Stdout)
    25  }
```

可以看到，WriteTo 方法可以将 Buffer 类型变量的内容写到 stdout，结果就是在终端窗口上显示了"Hello World!"字符串。这个方法会通过接口值，调用 File 类型实现的 Write 方法。

这个例子展示了接口的优雅以及它带给语言的强大的能力。得益于 `bytes.Buffer` 和 `os.File` 类型都实现了 `Writer` 接口，我们可以使用标准库里已有的功能，将这些类型组合在一起完成工作。接下来让我们看一个更加实用的例子。

8.4.3 简单的 curl

在 Linux 和 MacOS（曾用名 Mac OS X）系统里可以找到一个名为 curl 的命令行工具。这个工具可以对指定的 URL 发起 HTTP 请求，并保存返回的内容。通过使用 http、io 和 os 包，我们可以用很少的几行代码来实现一个自己的 curl 工具。

让我们来看一下实现了基础 curl 功能的例子，如代码清单 8-46 所示。

代码清单 8-46　listing46.go

```
01 // 这个示例程序展示如何使用 io.Reader 和 io.Writer 接口
02 // 写一个简单版本的 curl
03 package main
04
05 import (
06     "io"
07     "log"
08     "net/http"
09     "os"
10 )
11
12 // main 是应用程序的入口
13 func main() {
14     // 这里的 r 是一个响应，r.Body 是 io.Reader
15     r, err := http.Get(os.Args[1])
16     if err != nil {
17         log.Fatalln(err)
18     }
19
20     // 创建文件来保存响应内容
21     file, err := os.Create(os.Args[2])
22     if err != nil {
23         log.Fatalln(err)
24     }
25     defer file.Close()
26
27     // 使用 MultiWriter，这样就可以同时向文件和标准输出设备
28     // 进行写操作
29     dest := io.MultiWriter(os.Stdout, file)
30
31     // 读出响应的内容，并写到两个目的地
32     io.Copy(dest, r.Body)
33     if err := r.Body.Close(); err != nil {
34         log.Println(err)
35     }
36 }
```

代码清单 8-46 展示了一个实现了基本骨架功能的 curl, 它可以下载、展示并保存任意的 HTTP Get 请求的内容。这个例子会将响应的结果同时写入文件以及 stdout。为了让例子保持简单,这个程序没有检查命令行输入参数的有效性,也没有支持更高级的选项。

在这个程序的第 15 行,使用来自命令行的第一个参数来执行 HTTP Get 请求。如果这个参数是一个 URL, 而且请求没有发生错误,变量 r 里就包含了该请求的响应结果。在第 21 行,我们使用命令行的第二个参数打开了一个文件。如果这个文件打开成功,那么在第 25 行会使用 defer 语句安排在函数退出时执行文件的关闭操作。

因为我们希望同时向 stdout 和指定的文件里写请求的内容,所以在第 29 行我们使用 io 包里的 MultiWriter 函数将文件和 stdout 整合为一个 io.Writer 值。在第 33 行,我们使用 io 包的 Copy 函数从响应的结果里读取内容,并写入两个目的地。由于有 MultiWriter 函数提供的值的支持,我们可使用一次 Copy 调用,将内容同时写到两个目的地。

利用 io 包里已经提供的支持,以及 http 和 os 包里已经实现了 io.Writer 和 io.Reader 接口类型的实现,我们不需要编写任何代码来完成这些底层的函数,借助已经存在的功能,将注意力集中在需要解决的问题上。如果我们自己的类型也实现了这些接口,就可以立刻支持已有的大量功能。

8.4.4 结论

可以在 io 包里找到大量的支持不同功能的函数,这些函数都能通过实现了 io.Writer 和 io.Reader 接口类型的值进行调用。其他包,如 http 包,也使用类似的模式,将接口声明为包的 API 的一部分,并提供对 io 包的支持。应该花时间看一下标准库中提供了些什么,以及它是如何实现的——不仅要防止重新造轮子,还要理解 Go 语言的设计者的习惯,并将这些习惯应用到自己的包和 API 的设计上。

8.5 小结

- 标准库有特殊的保证,并且被社区广泛应用。
- 使用标准库的包会让你的代码更易于管理,别人也会更信任你的代码。
- 100 余个包被合理组织,分布在 38 个类别里。
- 标准库里的 log 包拥有记录日志所需的一切功能。
- 标准库里的 xml 和 json 包让处理这两种数据格式变得很简单。
- io 包支持以流的方式高效处理数据。
- 接口允许你的代码组合已有的功能。
- 阅读标准库的代码是熟悉 Go 语言习惯的好方法。

第 9 章 测试和性能

本章主要内容
- 编写单元测试来验证代码的正确性
- 使用 httptest 来模拟基于 HTTP 的请求和响应
- 使用示例代码来给包写文档
- 通过基准测试来检查性能

作为一名合格的开发者，不应该在程序开发完之后才开始写测试代码。使用 Go 语言的测试框架，可以在开发的过程中就进行单元测试和基准测试。和 go build 命令类似，go test 命令可以用来执行写好的测试代码，需要做的就是遵守一些规则来写测试。而且，可以将测试无缝地集成到代码工程和持续集成系统里。

9.1 单元测试

单元测试是用来测试包或者程序的一部分代码或者一组代码的函数。测试的目的是确认目标代码在给定的场景下，有没有按照期望工作。一个场景是正向路径测试，就是在正常执行的情况下，保证代码不产生错误的测试。这种测试可以用来确认代码可以成功地向数据库中插入一条工作记录。

另外一些单元测试可能会测试负向路径的场景，保证代码不仅会产生错误，而且是预期的错误。这种场景下的测试可能是对数据库进行查询时没有找到任何结果，或者对数据库做了无效的更新。在这两种情况下，测试都要验证确实产生了错误，且产生的是预期的错误。总之，不管如何调用或者执行代码，所写的代码行为都是可预期的。

在 Go 语言里有几种方法写单元测试。基础测试（basic test）只使用一组参数和结果来测试一段代码。表组测试（table test）也会测试一段代码，但是会使用多组参数和结果进行测试。也可以使用一些方法来模仿（mock）测试代码需要使用到的外部资源，如数据库或者网络服务器。这有助于让测试在没有所需的外部资源可用的时候，模拟这些资源的行为使测试正常进行。最后，在构建自己的网络服务时，有几种方法可以在不运行服务的情况下，调用服务的功能进行测试。

9.1.1 基础单元测试

让我们看一个单元测试的例子，如代码清单 9-1 所示。

代码清单 9-1 listing01_test.go

```
01 // 这个示例程序展示如何写基础单元测试
02 package listing01
03
04 import (
05     "net/http"
06     "testing"
07 )
08
09 const checkMark = "\u2713"
10 const ballotX = "\u2717"
11
12 // TestDownload 确认 http 包的 Get 函数可以下载内容
13 func TestDownload(t *testing.T) {
14     url := "http://www.goinggo.net/index.xml"
15     statusCode := 200
16
17     t.Log("Given the need to test downloading content.")
18     {
19         t.Logf("\tWhen checking \"%s\" for status code \"%d\"",
20             url, statusCode)
21         {
22             resp, err := http.Get(url)
23             if err != nil {
24                 t.Fatal("\t\tShould be able to make the Get call.",
25                     ballotX, err)
26             }
27             t.Log("\t\tShould be able to make the Get call.",
28                 checkMark)
29
30             defer resp.Body.Close()
31
32             if resp.StatusCode == statusCode {
33                 t.Logf("\t\tShould receive a \"%d\" status. %v",
34                     statusCode, checkMark)
35             } else {
36                 t.Errorf("\t\tShould receive a \"%d\" status. %v %v",
37                     statusCode, ballotX, resp.StatusCode)
38             }
39         }
40     }
41 }
```

代码清单 9-1 展示了测试 http 包的 Get 函数的单元测试。测试的内容是确保可以从网络正常下载 goinggo.net 的 RSS 列表。如果通过调用 go test -v 来运行这个测试（-v 表示提供冗余输出），会得到图 9-1 所示的测试结果。

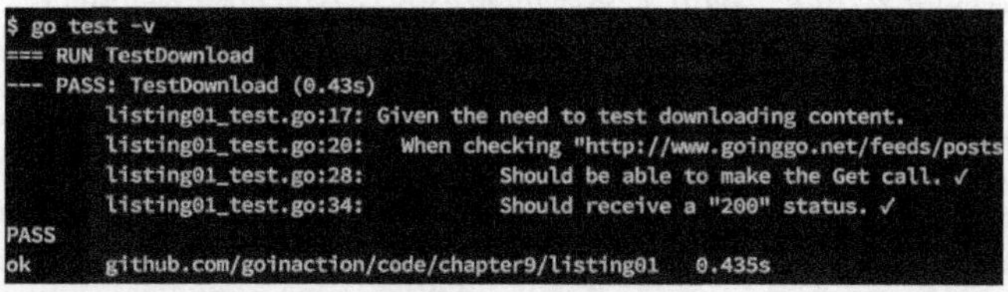

图 9-1　基础单元测试的输出

　　这个例子背后发生了很多事情，来确保测试能正确工作，并显示结果。让我们从测试文件的文件名开始。如果查看代码清单 9-1 一开始的部分，会看到测试文件的文件名是 listing01_test.go。Go 语言的测试工具只会认为以 _test.go 结尾的文件是测试文件。如果没有遵从这个约定，在包里运行 go test 的时候就可能会报告没有测试文件。一旦测试工具找到了测试文件，就会查找里面的测试函数并执行。

　　让我们仔细看看 listing01_test.go 测试文件里面的代码，如代码清单 9-2 所示。

代码清单 9-2　listing01_test.go：第 01 行到第 10 行

```
01 // 这个示例程序展示如何写基础单元测试
02 package listing01
03
04 import (
05     "net/http"
06     "testing"
07 )
08
09 const checkMark = "\u2713"
10 const ballotX = "\u2717"
```

　　在代码清单 9-2 里，可以看到第 06 行引入了 testing 包。这个 testing 包提供了从测试框架到报告测试的输出和状态的各种测试功能的支持。第 09 行和第 10 行声明了两个常量，这两个常量包含写测试输出时会用到的对号（√）和叉号（×）。

　　接下来，让我们看一下测试函数的声明，如代码清单 9-3 所示。

代码清单 9-3　listing01_test.go：第 12 行到第 13 行

```
12 // TestDownload 确认 http 包的 Get 函数可以下载内容
13 func TestDownload(t *testing.T) {
```

　　在代码清单 9-3 的第 13 行中，可以看到测试函数的名字是 TestDownload。一个测试函数必须是公开的函数，并且以 Test 单词开头。不但函数名字要以 Test 开头，而且函数的签名必须接收一个指向 testing.T 类型的指针，并且不返回任何值。如果没有遵守这些约定，测试框架就不会认为这个函数是一个测试函数，也不会让测试工具去执行它。

　　指向 testing.T 类型的指针很重要。这个指针提供的机制可以报告每个测试的输出和状态。

测试的输出格式没有标准要求。我更喜欢使用 Go 写文档的方式，输出容易读的测试结果。对我来说，测试的输出是代码文档的一部分。测试的输出需使用完整易读的语句，来记录为什么需要这个测试，具体测试了什么，以及测试的结果是什么。让我们来看一下更多的代码，了解我是如何完成这些测试的，如代码清单 9-4 所示。

代码清单 9-4　listing01_test.go：第 14 行到第 18 行

```
14        url := "http://www.goinggo.net/index.xml"
15        statusCode := 200
16
17        t.Log("Given the need to test downloading content.")
18        {
```

可以看到，在代码清单 9-4 的第 14 行和第 15 行，声明并初始化了两个变量。这两个变量包含了要测试的 URL，以及期望从响应中返回的状态。在第 17 行，使用方法 t.Log 来输出测试的消息。这个方法还有一个名为 t.Logf 的版本，可以格式化消息。如果执行 go test 的时候没有加入冗余选项（-v），除非测试失败，否则我们是看不到任何测试输出的。

每个测试函数都应该通过解释这个测试的给定要求（given need），来说明为什么应该存在这个测试。对这个例子来说，给定要求是测试能否成功下载数据。在声明了测试的给定要求后，测试应该说明被测试的代码应该在什么情况下被执行，以及如何执行。

代码清单 9-5　listing01_test.go：第 19 行到第 21 行

```
19            t.Logf("\tWhen checking \"%s\" for status code \"%d\"",
20                url, statusCode)
21            {
```

可以在代码清单 9-5 的第 19 行看到测试执行条件的说明。它特别说明了要测试的值。接下来，让我们看一下被测试的代码是如何使用这些值来进行测试的。

代码清单 9-6　listing01_test.go：第 22 行到第 30 行

```
22                resp, err := http.Get(url)
23                if err != nil {
24                    t.Fatal("\t\tShould be able to make the Get call.",
25                        ballotX, err)
26                }
27                t.Log("\t\tShould be able to make the Get call.",
28                    checkMark)
29
30                defer resp.Body.Close()
```

代码清单 9-6 中的代码使用 http 包的 Get 函数来向 goinggo.net 网络服务器发起请求，请求下载该博客的 RSS 列表。在 Get 调用返回之后，会检查错误值，来判断调用是否成功。在每种情况下，我们都会说明测试应有的结果。如果调用失败，除了结果，还会输出叉号以及得到的错误值。如果测试成功，会输出对号。

如果 Get 调用失败，使用第 24 行的 t.Fatal 方法，让测试框架知道这个测试失败了。t.Fatal 方法不但报告这个单元测试已经失败，而且会向测试输出写一些消息，而后立刻停止这个测试函数的执行。如果除了这个函数外还有其他没有执行的测试函数，会继续执行其他测试函数。这个方法对应的格式化版本名为 t.Fatalf。

如果需要报告测试失败，但是并不想停止当前测试函数的执行，可以使用 t.Error 系列方法，如代码清单 9-7 所示。

代码清单 9-7　listing01_test.go：第 32 行到第 41 行

```
32              if resp.StatusCode == statusCode {
33                  t.Logf("\t\tShould receive a \"%d\" status. %v",
34                      statusCode, checkMark)
35              } else {
36                  t.Errorf("\t\tShould receive a \"%d\" status. %v %v",
37                      statusCode, ballotX, resp.StatusCode)
38              }
39          }
40      }
41  }
```

在代码清单 9-7 的第 32 行，会将响应返回的状态码和我们期望收到的状态码进行比较。我们再次声明了期望测试返回的结果是什么。如果状态码匹配，我们就使用 t.Logf 方法输出信息；否则，就使用 t.Errorf 方法。因为 t.Errorf 方法不会停止当前测试函数的执行，所以，如果在第 38 行之后还有测试，单元测试就会继续执行。如果测试函数执行时没有调用过 t.Fatal 或者 t.Error 方法，就会认为测试通过了。

如果再看一下测试的输出（如图 9-2 所示），你会看到这段代码组合在一起的效果。

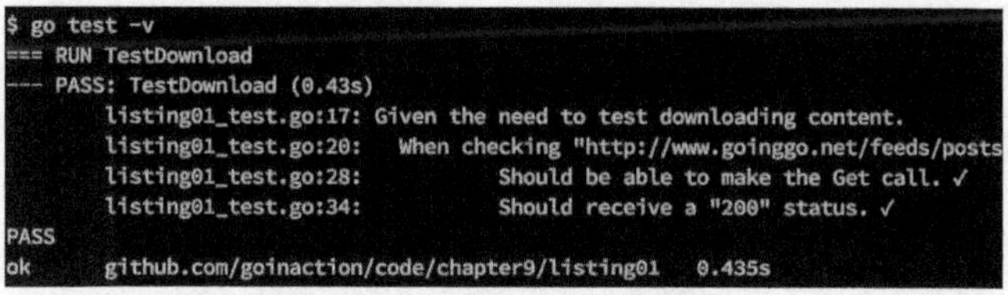

图 9-2　基础单元测试的输出

在图 9-2 中能看到这个测试的完整文档。下载给定的内容，当检测获取 URL 的内容返回的状态码时（在图中被截断），我们应该能够成功完成这个调用并收到状态 200。测试的输出很清晰，能描述测试的目的，同时包含了足够的信息。我们知道具体是哪个单元测试被运行，测试通过了，并且运行消耗的时间是 435 毫秒。

9.1.2　表组测试

如果测试可以接受一组不同的输入并产生不同的输出的代码，那么应该使用表组测试的方法进行测试。表组测试除了会有一组不同的输入值和期望结果之外，其余部分都很像基础单元测试。测试会依次迭代不同的值，来运行要测试的代码。每次迭代的时候，都会检测返回的结果。这便于在一个函数里测试不同的输入值和条件。让我们看一个表组测试的例子，如代码清单9-8所示。

代码清单9-8　listing08_test.go

```
01 // 这个示例程序展示如何写一个基本的表组测试
02 package listing08
03
04 import (
05     "net/http"
06     "testing"
07 )
08
09 const checkMark = "\u2713"
10 const ballotX = "\u2717"
11
12 // TestDownload确认http包的Get函数可以下载内容
13 // 并正确处理不同的状态
14 func TestDownload(t *testing.T) {
15     var urls = []struct {
16         url        string
17         statusCode int
18     }{
19         {
20             "http://www.goinggo.net/index.xml ",
21             http.StatusOK,
22         },
23         {
24             "http://rss.cnn.com/rss/cnn_topstbadurl.rss",
25             http.StatusNotFound,
26         },
27     }
28
29     t.Log("Given the need to test downloading different content.")
30     {
31         for _, u := range urls {
32             t.Logf("\tWhen checking \"%s\" for status code \"%d\"",
33                 u.url, u.statusCode)
34             {
35                 resp, err := http.Get(u.url)
36                 if err != nil {
37                     t.Fatal("\t\tShould be able to Get the url.",
38                         ballotX, err)
39                 }
40                 t.Log("\t\tShould be able to Get the url",
41                     checkMark)
42
43                 defer resp.Body.Close()
44
45                 if resp.StatusCode == u.statusCode {
46                     t.Logf("\t\tShould have a \"%d\" status. %v",
```

```
47                          u.statusCode, checkMark)
48              } else {
49                  t.Errorf("\t\tShould have a \"%d\" status %v %v",
50                      u.statusCode, ballotX, resp.StatusCode)
51              }
52          }
53      }
54  }
55 }
```

在代码清单 9-8 中，我们稍微改动了之前的基础单元测试，将其变为表组测试。现在，可以使用一个测试函数来测试不同的 URL 以及 http.Get 方法的返回状态码。我们不需要为每个要测试的 URL 和状态码创建一个新测试函数。让我们看一下，和之前相比，做了哪些改动，如代码清单 9-9 所示。

代码清单 9-9　listing08_test.go：第 12 行到第 27 行

```
12 // TestDownload 确认 http 包的 Get 函数可以下载内容
13 // 并正确处理不同的状态
14 func TestDownload(t *testing.T) {
15     var urls = []struct {
16         url        string
17         statusCode int
18     }{
19         {
20             "http://www.goinggo.net/index.xml",
21             http.StatusOK,
22         },
23         {
24             "http:/rss.cnn.com/rss/cnn_topstbadurl.rss",
25             http.StatusNotFound,
26         },
27     }
```

在代码清单 9-9 中，可以看到和之前同名的测试函数 TestDownload，它接收一个指向 testing.T 类型的指针。但这个版本的 TestDownload 略微有些不同。在第 15 行到第 27 行，可以看到表组的实现代码。表组的第一个字段是 URL，指向一个给定的互联网资源，第二个字段是我们请求资源后期望收到的状态码。

目前，我们的表组只配置了两组值。第一组值是 goinggo.net 的 URL，响应状态为 OK，第二组值是另一个 URL，响应状态为 NotFound。运行这个测试会得到图 9-3 所示的输出。

```
$ go test -v
=== RUN TestDownload
--- PASS: TestDownload (0.72s)
        listing02_test.go:29: Given the need to test downloading different content
        listing02_test.go:33:   When checking "http://www.goinggo.net/feeds/posts/
        listing02_test.go:41:           Should be able to Get the url. ✓
        listing02_test.go:47:           Should have a "200" status. ✓
        listing02_test.go:33:   When checking "http://rss.cnn.com/rss/cnn_topstbad
        listing02_test.go:41:           Should be able to Get the url. ✓
        listing02_test.go:47:           Should have a "404" status. ✓
PASS
ok      github.com/goinaction/code/chapter9/listing02   0.724s
```

图 9-3　表组测试的输出

图 9-3 所示的输出展示了如何迭代表组里的值,并使用其进行测试。输出看起来和基础单元测试的输出很像,只是每次都会输出两个不同的 URL 及其结果。测试又通过了。

让我们看一下我们是如何让表组测试工作的,如代码清单 9-10 所示。

代码清单 9-10 listing08_test.go:第 29 行到第 34 行

```
29      t.Log("Given the need to test downloading different content.")
30      {
31          for _, u := range urls {
32              t.Logf("\tWhen checking \"%s\" for status code \"%d\"",
33                  u.url, u.statusCode)
34              {
```

代码清单 9-10 的第 31 行的 for range 循环让测试迭代表组里的值,使用不同的 URL 运行测试代码。测试的代码与基础单元测试的代码相同,只不过这次使用的是表组内的值进行测试,如代码清单 9-11 所示。

代码清单 9-11 listing08_test.go:第 35 行到第 55 行

```
35                  resp, err := http.Get(u.url)
36                  if err != nil {
37                      t.Fatal("\t\tShould be able to Get the url.",
38                          ballotX, err)
39                  }
40                  t.Log("\t\tShould be able to Get the url",
41                      checkMark)
42
43                  defer resp.Body.Close()
44
45                  if resp.StatusCode == u.statusCode {
46                      t.Logf("\t\tShould have a \"%d\" status. %v",
47                          u.statusCode, checkMark)
48                  } else {
49                      t.Errorf("\t\tShould have a \"%d\" status %v %v",
50                          u.statusCode, ballotX, resp.StatusCode)
51                  }
52              }
53          }
54      }
55  }
```

代码清单 9-11 的第 35 行中展示了代码如何使用 u.url 字段来做 URL 调用。在第 45 行中,u.statusCode 字段被用于和实际的响应状态码进行比较。如果以后需要扩展测试,只需要将新的 URL 和状态码加入表组就可以,不需要改动测试的核心代码。

9.1.3 模仿调用

我们之前写的单元测试都很好,但是还有些瑕疵。首先,这些测试需要访问互联网,才能保证测试运行成功。图 9-4 展示了如果没有互联网连接，运行基础单元测试会测试失败。

图 9-4　由于没有互联网连接导致测试失败

不能总是假设运行测试的机器可以访问互联网。此外，依赖不属于你的或者你无法操作的服务来进行测试，也不是一个好习惯。这两点会严重影响测试持续集成和部署的自动化。如果突然断网，导致测试失败，就没办法部署新构建的程序。

为了修正这个问题，标准库包含一个名为 httptest 的包，它让开发人员可以模仿基于 HTTP 的网络调用。模仿（mocking）是一个很常用的技术手段，用来在运行测试时模拟访问不可用的资源。包 httptest 可以让你能够模仿互联网资源的请求和响应。在我们的单元测试中，通过模仿 http.Get 的响应，我们可以解决在图 9-4 中遇到的问题，保证在没有网络的时候，我们的测试也不会失败，依旧可以验证我们的 http.Get 调用正常工作，并且可以处理预期的响应。让我们看一下基础单元测试，并将其改为模仿调用 goinggo.net 网站的 RSS 列表，如代码清单 9-12 所示。

代码清单 9-12　listing12_test.go：第 01 行到第 41 行

```
01 // 这个示例程序展示如何内部模仿 HTTP GET 调用
02 // 与本书之前的例子有些差别
03 package listing12
04
05 import (
06     "encoding/xml"
07     "fmt"
08     "net/http"
09     "net/http/httptest"
10     "testing"
11 )
12
13 const checkMark = "\u2713"
14 const ballotX = "\u2717"
15
16 // feed 模仿了我们期望接收的 XML 文档
17 var feed = `<?xml version="1.0" encoding="UTF-8"?>
18 <rss>
19 <channel>
20     <title>Going Go Programming</title>
21     <description>Golang : https://github.com/goinggo</description>
22     <link>http://www.goinggo.net/</link>
```

```
23      <item>
24          <pubDate>Sun, 15 Mar 2015 15:04:00 +0000</pubDate>
25          <title>Object Oriented Programming Mechanics</title>
26          <description>Go is an object oriented language.</description>
27          <link>http://www.goinggo.net/2015/03/object-oriented</link>
28      </item>
29  </channel>
30  </rss>`
31
32  // mockServer 返回用来处理请求的服务器的指针
33  func mockServer() *httptest.Server {
34      f := func(w http.ResponseWriter, r *http.Request) {
35          w.WriteHeader(200)
36          w.Header().Set("Content-Type", "application/xml")
37          fmt.Fprintln(w, feed)
38      }
39
40      return httptest.NewServer(http.HandlerFunc(f))
41  }
```

代码清单 9-12 展示了如何模仿对 goinggo.net 网站的调用，来模拟下载 RSS 列表。在第 17 行中，声明了包级变量 feed，并初始化为模仿服务器返回的 RSS XML 文档的字符串。这是实际 RSS 文档的一小段，足以完成我们的测试。在第 33 行中，我们声明了一个名为 mockServer 的函数，这个函数利用 httptest 包内的支持来模拟对互联网上真实服务器的调用，如代码清单 9-13 所示。

代码清单 9-13   listing12_test.go：第 32 行到第 41 行

```
32  // mockServer 返回用来处理调用的服务器的指针
33  func mockServer() *httptest.Server {
34      f := func(w http.ResponseWriter, r *http.Request) {
35          w.WriteHeader(200)
36          w.Header().Set("Content-Type", "application/xml")
37          fmt.Fprintln(w, feed)
38      }
39
40      return httptest.NewServer(http.HandlerFunc(f))
41  }
```

代码清单 9-13 中声明的 mockServer 函数，返回一个指向 httptest.Server 类型的指针。这个 httptest.Server 的值是整个模仿服务的关键。函数的代码一开始声明了一个匿名函数，其签名符合 http.HandlerFunc 函数类型，如代码清单 9-14 所示。

代码清单 9-14   golang.org/pkg/net/http/#HandlerFunc

```
type HandlerFunc func(ResponseWriter, *Request)
```

HandlerFunc 类型是一个适配器，允许常规函数作为 HTTP 的处理函数使用。如果函数 f 具有合适的签名，HandlerFunc(f) 就是一个处理 HTTP 请求的 Handler 对象，内部通过调用 f 处理请求

遵守这个签名，让匿名函数成了处理函数。一旦声明了这个处理函数，第 40 行就会使用这

个匿名函数作为参数来调用 httptest.NewServer 函数，创建我们的模仿服务器。之后在第
40 行，通过指针返回这个模仿服务器。

我们可以通过 http.Get 调用来使用这个模仿服务器，用来模拟对 goinggo.net 网络服务器
的请求。当进行 http.Get 调用时，实际执行的是处理函数，并用处理函数模仿对网络服务器
的请求和响应。在第 35 行，处理函数首先设置状态码，之后在第 36 行，设置返回内容的类型
Content-Type，最后，在第 37 行，使用包含 XML 内容的字符串 feed 作为响应数据，返回
给调用者。

现在，让我们看一下模仿服务器与基础单元测试是怎么整合在一起的，以及如何将
http.Get 请求发送到模仿服务器，如代码清单 9-15 所示。

代码清单 9-15　listing12_test.go：第 43 行到第 74 行

```
43  // TestDownload确认http包的Get函数可以下载内容
44  // 并且内容可以被正确地反序列化并关闭
45  func TestDownload(t *testing.T) {
46      statusCode := http.StatusOK
47
48      server := mockServer()
49      defer server.Close()
50
51      t.Log("Given the need to test downloading content.")
52      {
53          t.Logf("\tWhen checking \"%s\" for status code \"%d\"",
54              server.URL, statusCode)
55          {
56              resp, err := http.Get(server.URL)
57              if err != nil {
58                  t.Fatal("\t\tShould be able to make the Get call.",
59                      ballotX, err)
60              }
61              t.Log("\t\tShould be able to make the Get call.",
62                  checkMark)
63
64              defer resp.Body.Close()
65
66              if resp.StatusCode != statusCode {
67                  t.Fatalf("\t\tShould receive a \"%d\" status. %v %v",
68                      statusCode, ballotX, resp.StatusCode)
69              }
70              t.Logf("\t\tShould receive a \"%d\" status. %v",
71                  statusCode, checkMark)
72          }
73      }
74  }
```

在代码清单 9-15 中再次看到了 TestDownload 函数，不过这次它在请求模仿服务器。在第
48 行和第 49 行，调用 mockServer 函数生成模仿服务器，并安排在测试函数返回时执行服务
器的 Close 方法。之后，除了代码清单 9-16 所示的这一行代码，这段测试代码看上去和基础单

元测试的代码一模一样。

代码清单 9-16　listing12_test.go：第 56 行

```
56              resp, err := http.Get(server.URL)
```

这次由 `httptest.Server` 值提供了请求的 URL。当我们使用由模仿服务器提供的 URL 时，`http.Get` 调用依旧会按我们预期的方式运行。`http.Get` 方法调用时并不知道我们的调用是否经过互联网。这次调用最终会执行，并且我们自己的处理函数最终被执行，返回我们预先准备好的 XML 文档和状态码 `http.StatusOK`。

在图 9-5 里，如果在没有互联网连接的时候运行测试，可以看到测试依旧可以运行并通过。这张图展示了程序是如何再次通过测试的。如果仔细看用于调用的 URL，会发现这个 URL 使用了 `localhost` 作为地址，端口是 52065。这个端口号每次运行测试时都会改变。包 `http` 与包 `httptest` 和模仿服务器结合在一起，知道如何通过 URL 路由到我们自己的处理函数。现在，我们可以在没有触碰实际服务器的情况下，测试请求 goinggo.net 的 RSS 列表。

```
$ go test -v
=== RUN TestDownload
--- PASS: TestDownload (0.00s)
        listing03_test.go:51: Given the need to test downloading content.
        listing03_test.go:54:   When checking "http://127.0.0.1:52065" for status code "200"
        listing03_test.go:62:           Should be able to make the Get call. ✓
        listing03_test.go:71:           Should receive a "200" status. ✓
        listing03_test.go:79:           Should be able to unmarshal the response. ✓
        listing03_test.go:83:           Should have "1" item in the feed. ✓
PASS
ok      github.com/goinaction/code/chapter9/listing03   0.007s
```

图 9-5　没有互联网接入情况下测试成功

9.1.4　测试服务端点

服务端点（endpoint）是指与服务宿主信息无关，用来分辨某个服务的地址，一般是不包含宿主的一个路径。如果在构造网络 API，你会希望直接测试自己的服务的所有服务端点，而不用启动整个网络服务。包 `httptest` 正好提供了做到这一点的机制。让我们看一个简单的包含一个服务端点的网络服务的例子，如代码清单 9-17 所示，之后你会看到如何写一个单元测试，来模仿真正的调用。

代码清单 9-17　listing17.go

```
01 // 这个示例程序实现了简单的网络服务
02 package main
03
04 import (
05     "log"
06     "net/http"
07
08     "github.com/goinaction/code/chapter9/listing17/handlers"
09 )
10
```

```
11 // main 是应用程序的入口
12 func main() {
13     handlers.Routes()
14
15     log.Println("listener : Started : Listening on :4000")
16     http.ListenAndServe(":4000", nil)
17 }
```

代码清单 9-17 展示的代码文件是整个网络服务的入口。在第 13 行的 main 函数里，代码调用了内部 handlers 包的 Routes 函数。这个函数为托管的网络服务设置了一个服务端点。在 main 函数的第 15 行和第 16 行，显示服务监听的端口，并且启动网络服务，等待请求。

现在让我们来看一下 handlers 包的代码，如代码清单 9-18 所示。

代码清单 9-18 **handlers**/handlers.go

```
01 // handlers 包提供了用于网络服务的服务端点
02 package handlers
03
04 import (
05     "encoding/json"
06     "net/http"
07 )
08
09 // Routes 为网络服务设置路由
10 func Routes() {
11     http.HandleFunc("/sendjson", SendJSON)
12 }
13
14 // SendJSON 返回一个简单的 JSON 文档
15 func SendJSON(rw http.ResponseWriter, r *http.Request) {
16     u := struct {
17         Name  string
18         Email string
19     }{
20         Name:  "Bill",
21         Email: "bill@ardanstudios.com",
22     }
23
24     rw.Header().Set("Content-Type", "application/json")
25     rw.WriteHeader(200)
26     json.NewEncoder(rw).Encode(&u)
27 }
```

代码清单 9-18 里展示了 handlers 包的代码。这个包提供了实现好的处理函数，并且能为网络服务设置路由。在第 10 行，你能看到 Routes 函数，使用 http 包里默认的 http.ServeMux 来配置路由，将 URL 映射到对应的处理代码。在第 11 行，我们将 /sendjson 服务端点与 SendJSON 函数绑定在一起。

从第 15 行起，是 SendJSON 函数的实现。这个函数的签名和之前看到代码清单 9-14 里 http.HandlerFunc 函数类型的签名一致。在第 16 行，声明了一个匿名结构类型，使用这个结构创建了一个名为 u 的变量，并赋予一组初值。在第 24 行和第 25 行，设置了响应的内容类型和状态码。最后，在第 26 行，将 u 值编码为 JSON 文档，并发送回发起调用的客户端。

　　如果我们构建了一个网络服务，并启动服务器，就可以像图 9-6 和图 9-7 展示的那样，通过服务获取 JSON 文档。

图 9-6　启动网络服务

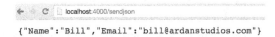

图 9-7　网络服务提供的 JSON 文档

　　现在有了包含一个服务端点的可用的网络服务，我们可以写单元测试来测试这个服务端点，如代码清单 9-19 所示。

代码清单 9-19　**handlers**/handlers_test.go

```
01 // 这个示例程序展示如何测试内部服务端点
02 // 的执行效果
03 package handlers_test
04
05 import (
06     "encoding/json"
07     "net/http"
08     "net/http/httptest"
09     "testing"
10
11     "github.com/goinaction/code/chapter9/listing17/handlers"
12 )
13
14 const checkMark = "\u2713"
15 const ballotX = "\u2717"
16
17 func init() {
18     handlers.Routes()
19 }
20
21 // TestSendJSON 测试/sendjson 内部服务端点
22 func TestSendJSON(t *testing.T) {
23     t.Log("Given the need to test the SendJSON endpoint.")
24     {
25         req, err := http.NewRequest("GET", "/sendjson", nil)
26         if err != nil {
27             t.Fatal("\tShould be able to create a request.",
28                 ballotX, err)
29         }
30         t.Log("\tShould be able to create a request.",
31             checkMark)
32
33         rw := httptest.NewRecorder()
34         http.DefaultServeMux.ServeHTTP(rw, req)
35
36         if rw.Code != 200 {
37             t.Fatal("\tShould receive \"200\"", ballotX, rw.Code)
```

```
38          }
39          t.Log("\tShould receive \"200\"", checkMark)
40
41          u := struct {
42              Name  string
43              Email string
44          }{}
45
46          if err := json.NewDecoder(rw.Body).Decode(&u); err != nil {
47              t.Fatal("\tShould decode the response.", ballotX)
48          }
49          t.Log("\tShould decode the response.", checkMark)
50
51          if u.Name == "Bill" {
52            t.Log("\tShould have a Name.", checkMark)
53          } else {
54            t.Error("\tShould have a Name.", ballotX, u.Name)
55          }
56
57          if u.Email == "bill@ardanstudios.com" {
58              t.Log("\tShould have an Email.", checkMark)
59          } else {
60              t.Error("\tShould have an Email.", ballotX, u.Email)
61          }
62      }
63 }
```

代码清单 9-19 展示了对 /sendjson 服务端点的单元测试。注意，第 03 行包的名字和其他测试代码的包的名字不太一样，如代码清单 9-20 所示。

代码清单 9-20　**handlers**/handlers_test.go：第 01 行到第 03 行

```
01 // 这个示例程序展示如何测试内部服务端点
02 // 的执行效果
03 package handlers_test
```

正如在代码清单 9-20 里看到的，这次包的名字也使用_test 结尾。如果包使用这种方式命名，测试代码只能访问包里公开的标识符。即便测试代码文件和被测试的代码放在同一个文件夹中，也只能访问公开的标识符。

就像直接运行服务时一样，需要为服务端点初始化路由，如代码清单 9-21 所示。

代码清单 9-21　**handlers**/handlers_test.go：第 17 行到第 19 行

```
17 func init() {
18     handlers.Routes()
19 }
```

在代码清单 9-21 的第 17 行，声明的 init 函数里对路由进行初始化。如果没有在单元测试运行之前初始化路由，那么测试就会遇到 http.StatusNotFound 错误而失败。现在让我们看一下 /sendjson 服务端点的单元测试，如代码清单 9-22 所示。

代码清单 9-22　**handlers**/handlers_test.go：第 21 行到第 34 行

```
21  // TestSendJSON 测试/sendjson 内部服务端点
22  func TestSendJSON(t *testing.T) {
23      t.Log("Given the need to test the SendJSON endpoint.")
24      {
25          req, err := http.NewRequest("GET", "/sendjson", nil)
26          if err != nil {
27              t.Fatal("\tShould be able to create a request.",
28                  ballotX, err)
29          }
30          t.Log("\tShould be able to create a request.",
31              checkMark)
32
33          rw := httptest.NewRecorder()
34          http.DefaultServeMux.ServeHTTP(rw, req)
```

代码清单 9-22 展示了测试函数 TestSendJSON 的声明。测试从记录测试的给定要求开始，然后在第 25 行创建了一个 http.Request 值。这个 Request 值使用 GET 方法调用/sendjson 服务端点的响应。由于这个调用使用的是 GET 方法，第三个发送数据的参数被传入 nil。

之后，在第 33 行，调用 httptest.NewRecoder 函数来创建一个 http.ResponseRecorder 值。有了 http.Request 和 http.ResponseRecoder 这两个值，就可以在第 34 行直接调用服务默认的多路选择器（mux）的 ServeHttp 方法。调用这个方法模仿了外部客户端对/sendjson 服务端点的请求。

一旦 ServeHTTP 方法调用完成，http.ResponseRecorder 值就包含了 SendJSON 处理函数的响应。现在，我们可以检查这个响应的内容，如代码清单 9-23 所示。

代码清单 9-23　**handlers**/handlers_test.go：第 36 行到第 39 行

```
36          if rw.Code != 200 {
37              t.Fatal("\tShould receive \"200\"", ballotX, rw.Code)
38          }
39          t.Log("\tShould receive \"200\"", checkMark)
```

首先，在第 36 行检查了响应的状态。一般任何服务端点成功调用后，都会期望得到 200 的状态码。如果状态码是 200，之后将 JSON 响应解码成 Go 的值。

代码清单 9-24　**handlers**/handlers_test.go：第 41 行到第 49 行

```
41          u := struct {
42              Name  string
43              Email string
44          }{}
45
46          if err := json.NewDecoder(rw.Body).Decode(&u); err != nil {
47              t.Fatal("\tShould decode the response.", ballotX)
48          }
49          t.Log("\tShould decode the response.", checkMark)"
```

在代码清单 9-24 的第 41 行，声明了一个匿名结构类型，使用这个类型创建了名为 u 的变量，并初始化为零值。在第 46 行，使用 json 包将响应的 JSON 文档解码到变量 u 里。如果解码失败，单元测试结束；否则，我们会验证解码后的值是否正确，如代码清单 9-25 所示。

代码清单 9-25　**handlers**/handlers_test.go：第 51 行到第 63 行

```
51          if u.Name == "Bill" {
52            t.Log("\tShould have a Name.", checkMark)
53          } else {
54            t.Error("\tShould have a Name.", ballotX, u.Name)
55          }
56
57          if u.Email == "bill@ardanstudios.com" {
58              t.Log("\tShould have an Email.", checkMark)
59          } else {
60              t.Error("\tShould have an Email.", ballotX, u.Email)
61          }
62      }
63 }
```

代码清单 9-25 展示了对收到的两个值的检测。在第 51 行，我们检测 Name 字段的值是否为 "Bill"，之后在第 57 行，检查 Email 字段的值是否为"bill@ardanstudios.com"。如果这些值都匹配，单元测试通过；否则，单元测试失败。这两个检测使用 Error 方法来报告失败，所以不管检测结果如何，两个字段都会被检测。

9.2　示例

Go 语言很重视给代码编写合适的文档。专门内置了 godoc 工具来从代码直接生成文档。在第 3 章中，我们已经学过如何使用 godoc 工具来生成包的文档。这个工具的另一个特性是示例代码。示例代码给文档和测试都增加了一个可以扩展的维度。

如果使用浏览器来浏览 json 包的 Go 文档，会看到类似图 9-8 所示的文档。

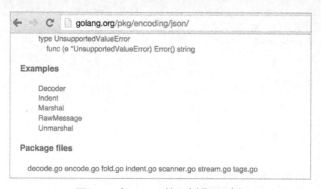

图 9-8　包 json 的示例代码列表

包 json 含有 5 个示例，这些示例都会在这个包的 Go 文档里有展示。如果选中第一个示例，会看到一段示例代码，如图 9-9 所示。

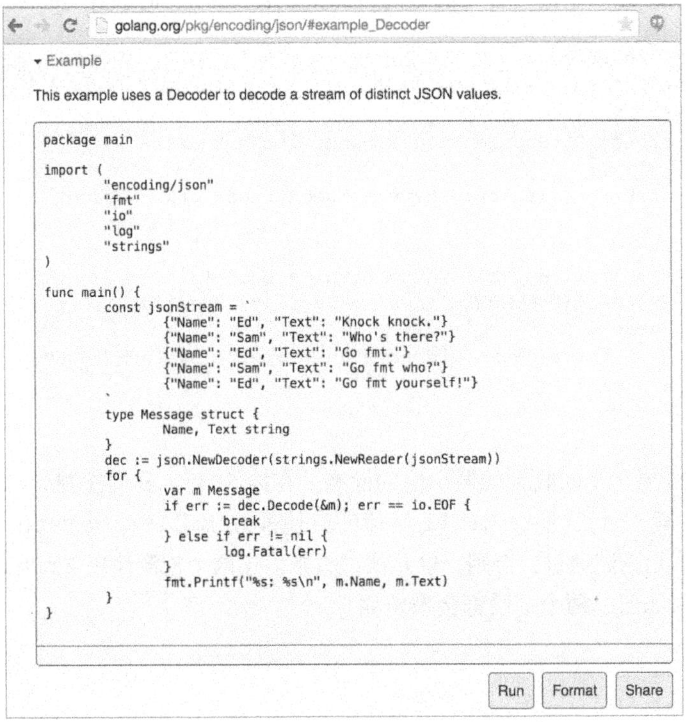

```
←  →  C  🔒 golang.org/pkg/encoding/json/#example_Decoder          ☆  ⊙

▾ Example

This example uses a Decoder to decode a stream of distinct JSON values.

package main

import (
        "encoding/json"
        "fmt"
        "io"
        "log"
        "strings"
)

func main() {
        const jsonStream = `
                {"Name": "Ed", "Text": "Knock knock."}
                {"Name": "Sam", "Text": "Who's there?"}
                {"Name": "Ed", "Text": "Go fmt."}
                {"Name": "Sam", "Text": "Go fmt who?"}
                {"Name": "Ed", "Text": "Go fmt yourself!"}
        `
        type Message struct {
                Name, Text string
        }
        dec := json.NewDecoder(strings.NewReader(jsonStream))
        for {
                var m Message
                if err := dec.Decode(&m); err == io.EOF {
                        break
                } else if err != nil {
                        log.Fatal(err)
                }
                fmt.Printf("%s: %s\n", m.Name, m.Text)
        }
}

                                                    Run    Format   Share
```

图 9-9　Go 文档里显示的 Decoder 示例视图

　　开发人员可以创建自己的示例，并且在包的 Go 文档里展示。让我们看一个来自前一节例子的 SendJSON 函数的示例，如代码清单 9-26 所示。

代码清单 9-26　handlers_example_test.go

```
01 // 这个示例程序展示如何编写基础示例
02 package handlers_test
03
04 import (
05     "encoding/json"
06     "fmt"
07     "log"
08     "net/http"
09     "net/http/httptest"
10 )
11
12 // ExampleSendJSON 提供了基础示例
13 func ExampleSendJSON() {
14     r, _ := http.NewRequest("GET", "/sendjson", nil)
15     rw := httptest.NewRecorder()
16     http.DefaultServeMux.ServeHTTP(rw, r)
```

```
17
18      var u struct {
19          Name  string
20          Email string
21      }
22
23      if err := json.NewDecoder(w.Body).Decode(&u); err != nil {
24          log.Println("ERROR:", err)
25      }
26
27      // 使用 fmt 将结果写到 stdout 来检测输出
28      fmt.Println(u)
29      // Output:
30      // {Bill bill@ardanstudios.com}
31  }
```

示例基于已经存在的函数或者方法。我们需要使用 Example 代替 Test 作为函数名的开始。在代码清单 9-26 的第 13 行中，示例代码的名字是 ExampleSendJSON。

对于示例代码，需要遵守一个规则。示例代码的函数名字必须基于已经存在的公开的函数或者方法。我们的示例的名字基于 handlers 包里公开的 SendJSON 函数。如果没有使用已经存在的函数或者方法，这个示例就不会显示在包的 Go 文档里。

写示例代码的目的是展示某个函数或者方法的特定使用方法。为了判断测试是成功还是失败，需要将程序最终的输出和示例函数底部列出的输出做比较，如代码清单 9-27 所示。

代码清单 9-27　handlers_example_test.go：第 27 行到第 31 行

```
27      // 使用 fmt 将结果写到 stdout 来检测输出
28      fmt.Println(u)
29      // Output:
30      // {Bill bill@ardanstudios.com}
31  }
```

在代码清单 9-27 的第 28 行，代码使用 fmt.Println 输出变量 u 的值到标准输出。变量 u 的值在调用 /sendjson 服务端点之前使用零值初始化。在第 29 行中，有一段带有 Output: 的注释。

这个 Output: 标记用来在文档中标记出示例函数运行后期望的输出。Go 的测试框架知道如何比较注释里的期望输出和标准输出的最终输出。如果两者匹配，这个示例作为测试就会通过，并加入到包的 Go 文档里。如果输出不匹配，这个示例作为测试就会失败。

如果启动一个本地的 godoc 服务器（godoc -http=":3000"），并找到 handlers 包，就能看到包含示例的文档，如图 9-10 所示。

在图 9-10 里可以看到 handlers 包的文档里展示了 SendJSON 函数的示例。如果选中这个 SendJSON 链接，文档就会展示这段代码，如图 9-11 所示。

图 9-11 展示了示例的一组完整文档，包括代码和期望的输出。由于这个示例也是测试的一部分，可以使用 go test 工具来运行这个示例函数，如图 9-12 所示。

图 9-10 左侧框：

```
Overview ▾

Package handlers provides the endpoints for the web service.

Index ▾

    func Routes()
    func SendJSON(rw http.ResponseWriter, r *http.Request)

Examples

    SendJSON

Package files

    handlers.go
```

图 9-11 右侧框：

```
func SendJSON

func SendJSON(rw http.ResponseWriter, r *http.Request)

SendJSON returns a simple JSON document.

▾ Example

ExampleSendJSON provides a basic example test example.

Code:

r, _ := http.NewRequest("GET", "/sendjson", nil)
w := httptest.NewRecorder()
http.DefaultServeMux.ServeHTTP(w, r)

var u struct {
    Name  string
    Email string
}

if err := json.NewDecoder(w.Body).Decode(&u); err != nil {
    log.Println("ERROR:", err)
}

fmt.Println(u)

Output:

{Bill bill@ardanstudios.com}
```

图 9-10   handlers 包的 godoc 视图   图 9-11   在 godoc 里显示完整的示例代码

```
$ go test -v -run="ExampleSendJSON"
=== RUN: ExampleSendJSON
--- PASS: ExampleSendJSON (0.00s)
PASS
ok      github.com/goinaction/code/chapter9/listing17/handlers  0.008s
```

图 9-12   运行示例代码

运行测试后，可以看到测试通过了。这次运行测试时，使用-run 选项指定了特定的函数 ExampleSendJSON。-run 选项接受任意的正则表达式，来过滤要运行的测试函数。这个选项 既支持单元测试，也支持示例函数。如果示例运行失败，输出会与图 9-13 所示的样子类似。

```
$ go test -v -run="ExampleSendJSON"
=== RUN: ExampleSendJSON
--- FAIL: ExampleSendJSON (0.00s)
got:
{Lisa lisa@gmail.com}
want:
{Bill bill@ardanstudios.com}
FAIL
exit status 1
FAIL    github.com/goinaction/code/chapter9/listing17/handlers  0.006s
```

图 9-13   示例运行失败

如果示例运行失败，go test 会同时展示出生成的输出，以及期望的输出。

9.3   基准测试

基准测试是一种测试代码性能的方法。想要测试解决同一问题的不同方案的性能，以及查看 哪种解决方案的性能更好时，基准测试就会很有用。基准测试也可以用来识别某段代码的 CPU

或者内存效率问题，而这段代码的效率可能会严重影响整个应用程序的性能。许多开发人员会用基准测试来测试不同的并发模式，或者用基准测试来辅助配置工作池的数量，以保证能最大化系统的吞吐量。

让我们看一组基准测试的函数，找出将整数值转为字符串的最快方法。在标准库里，有 3 种方法可以将一个整数值转为字符串。

代码清单 9-28 展示了 listing28_test.go 基准测试开始的几行代码。

代码清单 9-28   listing28_test.go：第 01 行到第 10 行

```
01 // 用来检测要将整数值转为字符串，使用哪个函数会更好的基准
02 // 测试示例。先使用 fmt.Sprintf 函数，然后使用
03 // strconv.FormatInt 函数，最后使用 strconv.Itoa
04 package listing28_test
05
06 import (
07     "fmt"
08     "strconv"
09     "testing"
10 )
```

和单元测试文件一样，基准测试的文件名也必须以 _test.go 结尾。同时也必须导入 testing 包。接下来，让我们看一下其中一个基准测试函数，如代码清单 9-29 所示。

代码清单 9-29   listing28_test.go：第 12 行到第 22 行

```
12 // BenchmarkSprintf 对 fmt.Sprintf 函数
13 // 进行基准测试
14 func BenchmarkSprintf(b *testing.B) {
15     number := 10
16
17     b.ResetTimer()
18
19     for i := 0; i < b.N; i++ {
20         fmt.Sprintf("%d", number)
21     }
22 }
```

在代码清单 9-29 的第 14 行，可以看到第一个基准测试函数，名为 BenchmarkSprintf。基准测试函数必须以 Benchmark 开头，接受一个指向 testing.B 类型的指针作为唯一参数。为了让基准测试框架能准确测试性能，它必须在一段时间内反复运行这段代码，所以这里使用了 for 循环，如代码清单 9-30 所示。

代码清单 9-30   listing28_test.go：第 19 行到第 22 行

```
19     for i := 0; i < b.N; i++ {
20         fmt.Sprintf("%d", number)
21     }
22 }
```

代码清单 9-30 第 19 行的 for 循环展示了如何使用 b.N 的值。在第 20 行，调用了 fmt 包

里的 Sprintf 函数。这个函数是将要测试的将整数值转为字符串的函数。

　　基准测试框架默认会在持续 1 秒的时间内，反复调用需要测试的函数。测试框架每次调用测试函数时，都会增加 b.N 的值。第一次调用时，b.N 的值为 1。需要注意，一定要将所有要进行基准测试的代码都放到循环里，并且循环要使用 b.N 的值。否则，测试的结果是不可靠的。

　　如果我们只希望运行基准测试函数，需要加入 -bench 选项，如代码清单 9-31 所示。

```
go test -v -run="none" -bench="BenchmarkSprintf"
```

　　在这次 go test 调用里，我们给 -run 选项传递了字符串 "none"，来保证在运行制订的基准测试函数之前没有单元测试会被运行。这两个选项都可以接受正则表达式，来决定需要运行哪些测试。由于例子里没有单元测试函数的名字中有 none，所以使用 none 可以排除所有的单元测试。发出这个命令后，得到图 9-14 所示的输出。

图 9-14　运行单个基准测试

　　这个输出一开始明确了没有单元测试被运行，之后开始运行 BenchmarkSprintf 基准测试。在输出 PASS 之后，可以看到运行这个基准测试函数的结果。第一个数字 5000000 表示在循环中的代码被执行的次数。在这个例子里，一共执行了 500 万次。之后的数字表示代码的性能，单位为每次操作消耗的纳秒（ns）数。这个数字展示了这次测试，使用 Sprintf 函数平均每次花费了 258 纳秒。

　　最后，运行基准测试输出了 ok，表明基准测试正常结束。之后显示的是被执行的代码文件的名字。最后，输出运行基准测试总共消耗的时间。默认情况下，基准测试的最小运行时间是 1 秒。你会看到这个测试框架持续运行了大约 1.5 秒。如果想让运行时间更长，可以使用另一个名为 -benchtime 的选项来更改测试执行的最短时间。让我们再次运行这个测试，这次持续执行 3 秒（见图 9-15）。

图 9-15　使用 -benchtime 选项来运行基准测试

　　这次 Sprintf 函数运行了 2000 万次，持续了 5.384 秒。这个函数的执行性能并没有太大的变化，这次的性能是每次操作消耗 256 纳秒。有时候，增加基准测试的时间，会得到更加精确的性能结果。对大多数测试来说，超过 3 秒的基准测试并不会改变测试的精确度。只是每次基准测试的结果会稍有不同。

　　让我们看另外两个基准测试函数，并一起运行这 3 个基准测试，看看哪种将整数值转换为字符串的方法最快，如代码清单 9-32 所示。

代码清单 9-32　listing28_test.go：第 24 行到第 46 行

```
24 // BenchmarkFormat 对 strconv.FormatInt 函数
25 // 进行基准测试
26 func BenchmarkFormat(b *testing.B) {
27     number := int64(10)
28
29     b.ResetTimer()
30
31     for i := 0; i < b.N; i++ {
32         strconv.FormatInt(number, 10)
33     }
34 }
35
36 // BenchmarkItoa 对 strconv.Itoa 函数
37 // 进行基准测试
38 func BenchmarkItoa(b *testing.B) {
39     number := 10
40
41     b.ResetTimer()
42
43     for i := 0; i < b.N; i++ {
44         strconv.Itoa(number)
45     }
46 }
```

　　代码清单 9-32 展示了另外两个基准测试函数。函数 BenchmarkFormat 测试了 strconv 包里的 FormatInt 函数，而函数 BenchmarkItoa 测试了同样来自 strconv 包的 Itoa 函数。这两个基准测试函数的模式和 BenchmarkSprintf 函数的模式很类似。函数内部的 for 循环使用 b.N 来控制每次调用时迭代的次数。

　　我们之前一直没有提到这 3 个基准测试里面调用 b.ResetTimer 的作用。在代码开始执行循环之前需要进行初始化时，这个方法用来重置计时器，保证测试代码执行前的初始化代码，不会干扰计时器的结果。为了保证得到的测试结果尽量精确，需要使用这个函数来跳过初始化代码的执行时间。

　　让这 3 个函数至少运行 3 秒后，我们得到图 9-16 所示的结果。

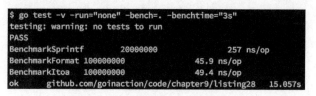

图 9-16　运行所有 3 个基准测试

　　这个结果展示了 BenchmarkFormat 测试函数运行的速度最快，每次操作耗时 45.9 纳秒。紧随其后的是 BenchmarkItoa，每次操作耗时 49.4 ns。这两个函数的性能都比 Sprintf 函数快得多。

运行基准测试时，另一个很有用的选项是-benchmem 选项。这个选项可以提供每次操作分配内存的次数，以及总共分配内存的字节数。让我们看一下如何使用这个选项（见图 9-17）。

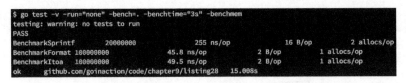

```
$ go test -v -run="none" -bench=. -benchtime="3s" -benchmem
testing: warning: no tests to run
PASS
BenchmarkSprintf      20000000              255 ns/op          16 B/op          2 allocs/op
BenchmarkFormat 100000000              45.8 ns/op         2 B/op          1 allocs/op
BenchmarkItoa   100000000              49.5 ns/op         2 B/op          1 allocs/op
ok      github.com/goinaction/code/chapter9/listing28  15.008s
```

图 9-17　使用-benchmem 选项来运行基准测试

这次输出的结果会多出两组新的数值：一组数值的单位是 B/op，另一组的单位是 allocs/op。单位为 allocs/op 的值表示每次操作从堆上分配内存的次数。你可以看到 Sprintf 函数每次操作都会从堆上分配两个值，而另外两个函数每次操作只会分配一个值。单位为 B/op 的值表示每次操作分配的字节数。你可以看到 Sprintf 函数两次分配总共消耗了 16 字节的内存，而另外两个函数每次操作只会分配 2 字节的内存。

在运行单元测试和基准测试时，还有很多选项可以用。建议读者查看一遍所有选项，以便在编写自己的包和工程时，充分利用测试框架。社区希望包的作者在正式发布包的时候提供足够的测试。

9.4　小结

- 测试功能被内置到 Go 语言中，Go 语言提供了必要的测试工具。
- go test 工具用来运行测试。
- 测试文件总是以 _test.go 作为文件名的结尾。
- 表组测试是利用一个测试函数测试多组值的好办法。
- 包中的示例代码，既能用于测试，也能用于文档。
- 基准测试提供了探查代码性能的机制。

欢迎来到异步社区！

异步社区的来历

异步社区（www.epubit.com.cn）是人民邮电出版社旗下 IT 专业图书旗舰社区，于 2015 年 8 月上线运营。

异步社区依托于人民邮电出版社 20 余年的 IT 专业优质出版资源和编辑策划团队，打造传统出版与电子出版和自出版结合、纸质书与电子书结合、传统印刷与 POD 按需印刷结合的出版平台，提供最新技术资讯，为作者和读者打造交流互动的平台。

社区里都有什么？

购买图书

我们出版的图书涵盖主流 IT 技术，在编程语言、Web 技术、数据科学等领域有众多经典畅销图书。社区现已上线图书 1000 余种，电子书 400 多种，部分新书实现纸书、电子书同步出版。我们还会定期发布新书书讯。

下载资源

社区内提供随书附赠的资源，如书中的案例或程序源代码。

另外，社区还提供了大量的免费电子书，只要注册成为社区用户就可以免费下载。

与作译者互动

很多图书的作译者已经入驻社区，您可以关注他们，咨询技术问题；可以阅读不断更新的技术文章，听作译者和编辑畅聊好书背后有趣的故事；还可以参与社区的作者访谈栏目，向您关注的作者提出采访题目。

灵活优惠的购书

您可以方便地下单购买纸质图书或电子图书，纸质图书直接从人民邮电出版社书库发货，电子书提供多种阅读格式。

对于重磅新书，社区提供预售和新书首发服务，用户可以第一时间买到心仪的新书。

用户帐户中的积分可以用于购书优惠。100 积分 =1 元，购买图书时，在 里填入可使用的积分数值，即可扣减相应金额。

纸电图书组合购买

社区独家提供纸质图书和电子书组合购买方式，价格优惠，一次购买，多种阅读选择。

社区里还可以做什么？

提交勘误

您可以在图书页面下方提交勘误，每条勘误被确认后可以获得100积分。热心勘误的读者还有机会参与书稿的审校和翻译工作。

写作

社区提供基于 Markdown 的写作环境，喜欢写作的您可以在此一试身手，在社区里分享您的技术心得和读书体会，更可以体验自出版的乐趣，轻松实现出版的梦想。

如果成为社区认证作译者，还可以享受异步社区提供的作者专享特色服务。

会议活动早知道

您可以掌握 IT 圈的技术会议资讯，更有机会免费获赠大会门票。

加入异步

扫描任意二维码都能找到我们：

| 异步社区 | 微信服务号 | 微信订阅号 | 官方微博 | QQ 群：368449889 |

社区网址：www.epubit.com.cn

投稿 & 咨询：contact@epubit.com.cn